Ioana Stanciu

Reologia de produtos de cereais

Ioana Stanciu

Reologia de produtos de cereais

ScienciaScripts

This book is a translation from the original published under ISBN 978-3-659-56582-3.

Publisher:
Sciencia Scripts
is a trademark of
Dodo Books Indian Ocean Ltd. and OmniScriptum S.R.L publishing group

120 High Road, East Finchley, London, N2 9ED, United Kingdom
Str. Armeneasca 28/1, office 1, Chisinau MD-2012, Republic of Moldova, Europe
Printed at: see last page
ISBN: 978-620-7-74971-3

Conteúdo

I. Tecnologias no sector da moagem e da panificação

1.1.Tecnologia de fresagem e garupa

A moagem de cereais e outros grãos começou a ser praticada desde o Neolítico, com o aparecimento dos primeiros moinhos de pedra, evoluindo muito rapidamente no período moderno para as actuais instalações de moagem complexas.

A moagem tem por objetivo triturar e transformar os grãos de cereais e algumas leguminosas em farinha e grumos. Os grumos são produtos resultantes do descasque e, por vezes, da trituração grosseira dos grãos, seguida da sua moagem e polimento.

As principais matérias-primas utilizadas na indústria de moagem são o trigo e o centeio, a partir dos quais se obtém a farinha necessária para o fabrico de pão e produtos farináceos, respetivamente o milho, a partir do qual se obtém o sorgo e as matérias-primas para produtos expandidos. Em termos de peso, o trigo ocupa o primeiro lugar na moagem, sendo as espécies mais conhecidas o trigo mole (Triticum vulgare), com maior utilização para a obtenção de farinha de panificação, e o trigo duro (Triticum durum), utilizado para a obtenção de uma farinha com um objetivo especial, mas mais escolhido para a farinha utilizada no fabrico de massas alimentícias. A composição química do grão de trigo é diversa e distribuída de forma desigual nas partes anatómicas, pelo que, através da moagem, se separa o núcleo ou corpo farinhento, de elevado valor alimentar, da casca, que é imprestável para consumo.

O centeio é o segundo cereal mais importante a partir do qual se obtém a farinha para pão. A farinha de centeio é utilizada tanto no fabrico de produtos de panificação, em si ou misturada com farinha de trigo, como noutros domínios, como a indústria do mobiliário, a indústria eletrotécnica, etc.

O milho tem uma composição química complexa, sendo uma matéria-prima valiosa para a produção de sorgo, e os germes dos grãos para a produção de óleo comestível.

As características tecnológicas dos cereais têm uma grande influência no processo de transformação, sendo as mais importantes: o tamanho, a forma e a humidade dos grãos, a sua dureza, o seu aspeto vítreo e farináceo, a sua massa hectolitro, a sua capacidade de escoamento, de flutuação e de auto-classificação, a sua condutividade e difusividade térmicas, a sua higroscopicidade.

A limpeza e o acondicionamento visam eliminar as impurezas e os corpos estranhos, bem como regular a humidade para valores óptimos para a moagem. A figura 1.1 mostra o esquema tecnológico da limpeza e acondicionamento do trigo.

A remoção das impurezas pode ser efectuada em quatro fases distintas:

• Eliminação das fracções leves por aspiração: utilizar o separador por aspiração ou o mill tarrer, fase em que pelo menos 65-70% das impurezas são separadas;

• remoção de pedras com separadores de pedras: a massa de grãos é distribuída uniformemente sobre um crivo inclinado, sendo sujeita a micro-arremessos na presença de uma corrente de ar ascendente; as pedras maiores do que os grãos permanecem no crivo movendo-se para o lado elevado, enquanto os grãos descem para a saída;

• a eliminação das impurezas por separação segundo a forma geométrica: é efectuada com triodos cilíndricos de grande capacidade;

• eliminação das impurezas de metais ferrosos: provêm das máquinas de colheita, do sistema de transporte mecânico ou dos silos e são separadas com a ajuda de ímanes permanentes ou de electroímanes.

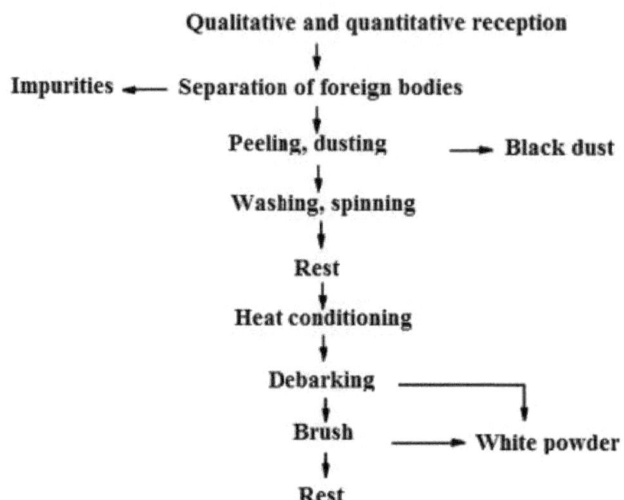

Receção qualitativa e quantitativa

Impurezas - Separação de corpos estranhos

**Descascar, limpar o		póPó preto**

Lavagem, centrifugação

Descanso

Condicionamento térmico

Descascamento

Pincel Pó branco

Descanso

Fig. 1.1. Esquema de limpeza e acondicionamento do trigo

Para além das impurezas apresentadas anteriormente, alguns grãos de cereais contêm poeiras e microrganismos na sua superfície, no sulco e no queixo, pelo que se procede às operações de descasque e escovagem. O descasque tem como objetivo remover o pó da superfície dos grãos, parte do embrião e parcialmente a cobertura superficial (pericarpo), através da batida e fricção dos grãos contra uma bainha de rede metálica. O efeito tecnológico da descasca é apreciado pela quantidade de pó resultante, pela diminuição do teor de substâncias minerais e pelo teor de grãos partidos que permanecem na massa de trigo, respetivamente no pó recolhido durante a descasca.

A escovagem é a última etapa do descasque, em que, para evitar a produção de eletricidade estática durante a fricção, as escovas são feitas de material plástico estabilizado electrostaticamente.

Como os descascamentos repetidos não conseguem eliminar completamente as impurezas da superfície dos grãos, estes são submetidos a um processo de lavagem que separa os eventuais restos de fragmentos de pedras, terra, palha ou palha. A lavagem é considerada uma operação dispendiosa devido ao elevado consumo de água (1-3 l/kg de grãos), pelo que não é obrigatória.

O acondicionamento dos grãos de trigo é praticado porque se verificou que o seu tratamento com água e calor influencia largamente o processo de moagem, o grau de extração, o teor em substâncias minerais da farinha e, em certa medida, as propriedades de panificação da farinha.

O moinho ou secção de moagem é o local onde os grãos de vários cereais são transformados em farinha, gérmen, farelo e, por vezes, sêmola comestível. As principais operações tecnológicas do moinho são a moagem e a peneiração, para cuja realização são necessárias instalações de transporte e de ventilação, sendo a complexidade de um moinho influenciada pelo tipo de cereal moído e pelo sistema de transporte dos produtos no moinho. O mais simples em termos de construção é o moinho de milho, e o mais complexo é o moinho de trigo.

A moagem é a operação que consiste em triturar os grãos de cereais em partículas de diferentes tamanhos, a fim de obter farinha, farelo e gérmen. Baseia-se na ação mecânica dos rolos de moagem sobre os grãos, até que todo o grão seja transformado em farinha.

A moagem é efectuada através de uma fragmentação dos grãos que, passados várias vezes entre os rolos, atingem uma granulação cada vez mais pequena, entre as fragmentações efectuadas e a separação das fracções por peneiração. Em relação ao tamanho dos grânulos, na moagem podem ser obtidas as seguintes fracções: farinha ou garupa, sêmola, farinha e farinha, respetivamente farelo.

Os rolos de moagem conheceram várias formas construtivas, mas em todas elas a moagem é produzida pela passagem dos grãos entre dois rolos colocados paralelamente, a uma certa distância um do outro. Os rolos são feitos de ferro fundido com uma superfície lisa ou perfilada, dependendo da função tecnológica, sendo a capacidade de trabalho dos rolos influenciada por uma série de factores, sendo os mais importantes:

- grau de trituração ou retalhamento: depende das características técnicas dos rolos e do modo como a operação é efectuada;

- o tipo de produtos obtidos: regra geral, cada par de rolos tritura apenas uma determinada categoria ou tipo de produtos;

- grau de carga: depende das características técnicas dos rolos, respetivamente do sortido de farinha a obter (a carga específica diminui quando se obtém farinha branca em relação à farinha integral);

- o estado da superfície de trabalho: a capacidade de trabalho diminui com o aumento do grau de desgaste da superfície de trabalho ativa (desgaste das cristas), porque já não se obtém a granulação desejada;

- humidade dos grãos: quanto mais húmidos forem os grãos, mais dificilmente passam pelos rolos, aderem à sua superfície e afectam negativamente o grau de trituração;

- granulação dos grãos: os grãos com granulação muito diferente serão moídos seletivamente, afectando a capacidade de moagem;

- a temperatura dos rolos: devido ao calor libertado durante a moagem, um rolo não ventilado transpira e, juntamente com a farinha, forma uma crosta que se deposita na superfície de todos os órgãos da máquina.

O deslocador de farelo ou finisher é uma máquina que separa a casca do núcleo e esmaga o núcleo, batendo fortemente os grãos contra uma casca cilíndrica perfurada. O revestimento permanece sob a forma de partículas grandes, ao contrário dos rolos que também trituram o revestimento em grande medida. A moagem com o deslocador de farelo é utilizada tanto no final da fase de trituração como da fase de moagem.

A peneiração consiste em separar, com a ajuda de crivos, algumas fracções constituídas por partículas com granulação dentro de certos limites, de uma mistura de grãos moídos. A fração que passa através da malha do crivo é designada por crivado e a parte que desliza no crivo é designada por rejeitado.

Os sistemas de crivagem complexos são utilizados nos moinhos de cereais onde, através da disposição dos crivos, se pretende que os produtos com granulometria elevada passem para a moagem o mais rapidamente possível. O primeiro grupo de locais que recusam estes produtos tem malhas grandes e é feito de fio de aço. Seguem-se os crivos que recusam a segunda categoria de produtos (semolinas), que são encaminhados para a moagem ou limpeza. A terceira categoria de peneiras é a das peneiras para farinha, e o quarto grupo de peneiras separa os finos ou fracções com uma granulometria entre a sêmola pequena e a farinha.

A capacidade de crivagem de um crivo é influenciada pela superfície útil, pela dimensão da malha (número do crivo), pela carga de material, pela humidade da mistura e pela sua temperatura, pela forma como as partículas se deslocam na superfície do crivo, pela diferenciação granulométrica, pela forma como o crivo é limpo, etc. Devido a estes factores, ao estabelecer um esquema de crivagem, devem ser tidos em conta todos os parâmetros que influenciam a capacidade de trabalho do crivo.

A transformação do grão de trigo em farinha é efectuada através de várias fases tecnológicas a que se chama deslamagem, moagem, triagem e limpeza da sêmola, separação da sêmola e moagem (fig. 1.2), obtendo-se em cada fase uma determinada quantidade de farinha.

A moagem ou trituração consiste na fragmentação dos grãos de trigo em partículas de diferentes tamanhos e no desprendimento da maior parte da casca, sob a forma de sêmea. Cada fase de trituração é constituída por um ou mais pares de rolos, respetivamente um ou mais compartimentos de crivagem.

A partir da mistura dos produtos resultantes da moagem, nas três primeiras etapas, separa-se o farelo (grande e pequeno), a sêmola (grande, média e pequena), a farinha e a sêmola, na quarta e quinta etapas, separa-se a farinha até à etapa do farelo, da sêmola, da farinha e da sêmola de qualidade inferior e, na última etapa, obtém-se a farinha inferior, o farelo fino e o farelo ordinário.

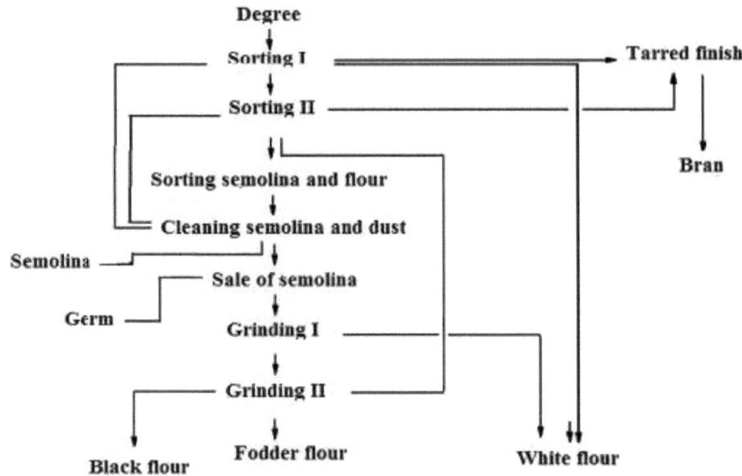

Fig. 1.2. Diagrama esquemático da moagem de trigo

O número de moagens é determinado em função do grau de extração e dos tipos de farinha a obter, sendo os diagramas dos moinhos de média e grande capacidade dotados de 6-7 fases de moagem (fig. 1.3).

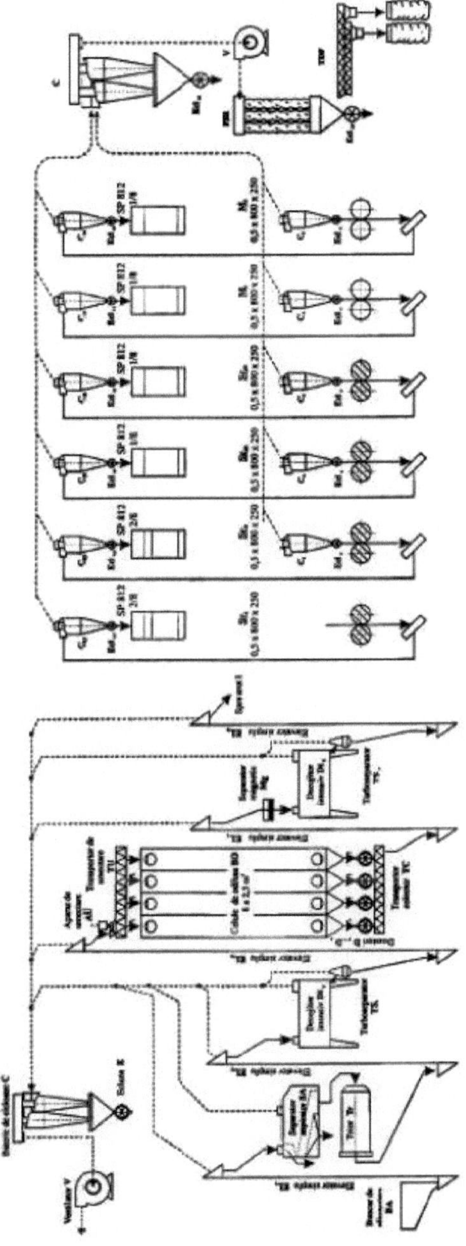

Fig. 1.3. Fluxo tecnológico num moinho de trigo de média capacidade

Seleção e limpeza dos grãos. Os grãos grandes separados nas primeiras fases de moagem são enviados para as operações de triagem e limpeza, para o que são utilizadas máquinas especiais para grãos. Para além da limpeza, é dada ênfase ao fracionamento da sêmola após a granulação, sendo esta fase tecnológica importante porque estas sêmolas são a matéria-prima para farinhas de alta qualidade.

Embora tenham sido separadas em duas fases anteriores, as sêmolas provenientes da moagem ainda contêm partículas de farinha e farelo, sendo necessário separá-las e direccioná-las de acordo com o esquema de moagem. Concomitantemente, efectua-se uma divisão dos grãos em grupos de granulação com limites mais estreitos. As semolinas médias e pequenas são enviadas para triagem num compartimento com crivos planos, pois contêm uma maior quantidade de farinha. O mesmo tratamento aplica-se às farinhas em que uma parte das fracções entra na categoria de farinha.

A abertura da sêmola é a fase tecnológica através da qual se consegue a redução dos grânulos

A sêmola e a abertura dos fragmentos de casca que normalmente contêm. Como efeito secundário, a maior parte dos germes são deslocados. A operação de abertura é realizada por uma ação ligeira dos rolos (geralmente de superfície lisa) sobre os grânulos, resultando numa mistura de grãos novos, germes, cascas e farinha, fracções que são separadas por peneiração.

Moagem de sêmolas e de grãos. As sêmolas resultantes da moagem e preparadas por triagem, limpeza e desempacotamento, são transformadas gradualmente por moagem em farinha, sendo o número de fases de moagem nos moinhos de média e grande capacidade de 8-10.

Na fase de moagem tecnológica, obtém-se cerca de 70-75% do total da farinha extraída, estando esta percentagem dependente da qualidade dos produtos sujeitos a moagem e da forma como é conduzido o regime de trabalho. As farinhas resultantes nos vários compartimentos de peneiração diferem qualitativa e quantitativamente, pelo que, para obter a farinha como produto acabado, são misturadas em diferentes proporções. Regra geral, um tipo ou espécie de farinha é constituído pelas mesmas farinhas recolhidas nos compartimentos de peneiração.

Podemos citar os principais tipos de farinha: farinha de trigo para panificação (SR 877-96), farinha de trigo graham tipo 1750 e dietética (SP 957-95), farinha de trigo preta tipo 1250 e 1350 (SP 2498-95), farinha de trigo semi-branca tipo 800 e 900 (SP 3128-95) e farinha de trigo branca tipo 480, 000, 550 e 650 (SP 3127-95). O tipo de farinha representa o teor de cinzas (substâncias minerais) expresso em percentagem da matéria seca (varia entre 0,48% para a farinha branca tipo 480 e 1,75% para a farinha tipo 1750, chegando mesmo a 2,20 no caso da farinha dietética) .

O controlo de qualidade da operação de moagem é feito com a ajuda do grau de extração, que representa o rendimento em farinha determinado em relação à massa do grão. Se o grau de extração for inferior a 70%, significa que uma certa quantidade de amêndoa permanece no farelo sob uma forma aderente.

A farinha resultante da moagem deve ser armazenada em condições adequadas de temperatura e humidade, sendo as características termofísicas da farinha muito importantes para o estabelecimento dos parâmetros físicos, nomeadamente a humidade de equilíbrio em função da humidade relativa do ar.

O armazenamento da farinha pode ser feito a granel ou embalada em sacos, em espaços especiais nos armazéns das fábricas ou nos beneficiários, sendo o tempo de armazenamento antes da utilização no processo de fabrico de 20-25 dias, necessário para o processo de maturação da farinha.

Para obter o sorgo, o grão de milho deve ter a granulação necessária, a estrutura vítrea, a resistência à moagem e produzir a menor percentagem possível de farinha. Para além da preparação dos grãos através de operações de triagem, limpeza e separação de impurezas, os grãos de milho podem também ser submetidos a uma desgerminação, através da qual o embrião é destacado do grão, para a qual são utilizados equipamentos especiais.

A degerminação é efectuada através da quebra dos grãos em duas fases, em dispositivos equipados com um tambor metálico e um rotor com pás. Da primeira fase de degerminação, a mistura de grãos inteiros, fragmentos, germes libertados e danificados, sêmola e farinha é transferida para um compartimento de peneira onde as fracções são separadas. O primeiro refugo é submetido à segunda fase de degerminação, sendo a mistura resultante transferida para um segundo compartimento de peneiração.

As máquinas do esquema tecnológico de degerminação realizam uma operação que contribui para a obtenção de germes como produtos acabados, respetivamente, de aparas de milho como matéria-prima para moagem. A qualidade da operação de degerminação é avaliada pelo teor de grãos inteiros remanescentes na polpa, pela quantidade de germes não separados na polpa e pela percentagem de milho forrageiro na mesma. Normalmente, após a segunda fase de degerminação, a percentagem de grãos inteiros não deve exceder 2-3%, a de germes não separados não deve ultrapassar 4% e a de sorgo forrageiro 4-5%.

Os sistemas de moagem do milho podem ser simples (passando por um par de rolos e separando a farinha do farelo) ou complexos (são utilizadas várias passagens de moagem, obtendo-se várias qualidades de produtos acabados).

A moagem é o processo de trituração através do qual os grãos de milho são transformados em sorgo, consistindo em duas operações: moagem e peneiração. A moagem propriamente dita consiste em 3 a 5 fases de trituração das aparas de milho, após as quais são retirados os restos do revestimento, recuperados os germes que não se desprenderam e obtido o sorgo com a granulação desejada.

A peneiração das misturas de produtos resultantes da moagem é efectuada em peneiras planas, de acordo com esquemas tecnológicos semelhantes aos da moagem de trigo. As fracções obtidas na peneiração são encaminhadas para nova transformação e as que correspondem em termos de granulação são misturadas para formar os sortidos de extra ou sêmola (10-15 %), superior ou de primeira qualidade (60-65 %) e sorgo de segunda qualidade (85-90 %). O grau de extração do milho desgerminado é de cerca de 75%.

Para além das duas principais categorias de farinha obtidas na indústria de moagem, outras matérias-primas, como a farinha de centeio, a farinha de batata ou a farinha de arroz, são utilizadas para obter produtos de panificação com propriedades nutricionais e organolépticas especiais.

O centeio é submetido a limpeza e acondicionamento segundo um esquema tecnológico semelhante ao do trigo, após moagem, obtém-se um sortido de farinha do tipo 1200, com um grau de extração de 75%.

O arroz utilizado na moagem é submetido a operações preparatórias de limpeza e separação de impurezas, descasque com remoção da palha, moagem e polimento em máquinas especiais com remoção de impurezas da superfície dos grãos. A moagem é efectuada de acordo com esquemas semelhantes aos do trigo, com a obtenção de sortidos de várias granulações (desde grumos a farinha).

A farinha de batata é obtida através da moagem de batatas lavadas, descascadas, cortadas e secas, tendo a farinha de batata uma importante contribuição para aumentar o valor nutricional dos produtos de panificação.

I.2. Tecnologia de produtos de panificação

Para a preparação de massas e cremes, são utilizadas matérias-primas e auxiliares cujas propriedades físico-químicas são importantes no processo tecnológico de fabrico. A farinha de trigo é a matéria-prima de base utilizada no fabrico de produtos de panificação. Em regra, utiliza-se farinha de trigo branca e, nalgumas variedades, farinha semi-branca, preta ou graham.

A composição química da farinha depende da qualidade do trigo de que provém, da tecnologia de moagem, respetivamente do grau de extração. Entre os compostos químicos, as substâncias proteicas (albuminas, globulinas, gliadinas e glutaninas), especialmente as insolúveis, têm uma importância tecnológica especial. Têm a propriedade de absorver uma grande quantidade de água durante a preparação da massa, de modo que a gliadina e a glutenina formam, em determinadas condições, uma massa elástico-viscosa denominada glúten.

A quantidade e a qualidade do glúten são as propriedades mais importantes da farinha, em relação às quais são estabelecidas a receita e o processo tecnológico de fabrico. Para estabelecer a qualidade do glúten, utilizam-se vários indicadores: glúten húmido (obtido por formação de uma massa e lavagem com água para remover o amido), índice de glúten (representa a força do glúten para se manter durante o processamento da massa), índice de deformação (é a capacidade do glúten para se deformar após 60 minutos a uma temperatura de 30^0 C) e glúten seco. Em função de cada índice qualitativo, pode ser efectuada uma classificação das farinhas.

A qualidade da farinha de trigo é também determinada por outros parâmetros como a cor, o cheiro, o sabor, a finura, a humidade e a acidez e, do ponto de vista do grau de cozedura, pela capacidade de hidratação da farinha, a capacidade de formar massas de cor clara, massas que gelatinizam o amido, formam e retêm gases.

Em função dos indicadores qualitativos da farinha de trigo, o seu destino pode ser estabelecido da seguinte forma:

- para pão e produtos de padaria, é utilizada farinha com 26-30% de glúten húmido, o índice de glúten entre 20-40 e 5-9 mm de índice de deformação;
- A farinha de sêmola com uma granulação de 350-530 microns, com um teor de substância mineral de 0,350-0,550% e 30-40% de glúten húmido de boa e muito boa qualidade é utilizada para massas de farinha;
- para bolachas e pão ralado, é utilizada farinha de extração com um teor de substâncias minerais de 0,550-0,900% (de farinha branca a farinha semi-branca);
- para a pastelaria e a massa folhada, é utilizada uma farinha com 27-35% de glúten húmido, um índice de glúten de 2840% e um índice de deformação de 5-8 mm.

Antes de ser utilizada no processo de fabrico, se não tiver sido feita após a moagem, a farinha é submetida a uma maturação de duração diferente consoante o destino: para a farinha utilizada no fabrico de pão e produtos de padaria, um mínimo de 15 dias para a farinha preta, 20 dias para a farinha semi-branca e 30 dias para a farinha branca, um mínimo de 35-40 dias para a farinha utilizada no fabrico de massas alimentícias e 20-25 dias para a farinha utilizada no fabrico de bolachas.

A água utilizada no processo de fabrico da massa deve corresponder às características da água potável. Os sais presentes na água podem alterar a força da farinha da seguinte forma: a água dura e muito dura (entre 13-30^0 Ge) influencia favoravelmente a qualidade da massa, reforçando e melhorando a elasticidade, enquanto a água mole e semidura (entre 5-12^0 Ge) determina a obtenção de massas mais ligeiramente elásticas e quebradiças. Se a água não tiver a dureza necessária, esta é corrigida no sentido do seu aumento através da adição de água de cal.

As gorduras alimentares conferem à massa uma maior plasticidade, resultando em produtos tenros com um núcleo fofo, respetivamente com valor nutricional e um prazo de validade mais longo. Na indústria de panificação, são utilizadas gorduras animais como a manteiga, a banha ou o sebo, bem como gorduras vegetais como o óleo de girassol refinado ou não refinado, a soja, a colza e a abóbora, a margarina e as gorduras compostas.

Para a preparação de cremes, são necessárias gorduras sólidas com um ponto de fusão superior a 38-40^0 C, e para massas moles e folhados, gorduras com um ponto de fusão de 36-380C.

As substâncias edulcorantes são utilizadas na maioria dos produtos de padaria e contribuem para aumentar o valor nutricional, ao mesmo tempo que lhes conferem um sabor e aroma específicos. Os edulcorantes apresentam-se na forma sólida, representada pelo açúcar e pela glucose sólida, e na forma líquida, categoria que inclui o mel, a glucose líquida e o extrato de malte.

O leite e os produtos lácteos, através do seu conteúdo em hidratos de carbono, lípidos, proteínas e substâncias minerais, contribuem significativamente para o aumento do valor nutricional dos produtos, bem como para a melhoria das propriedades organolépticas. Os produtos lácteos são utilizados sob diversas formas: produtos lácteos líquidos (leite, soro de leite, leitelho, natas doces ou fermentadas), produtos lácteos secos (leite em pó, soro de leite em pó, leitelho em pó), queijos fermentados, amassados, cozidos ou frescos, alguns preparados sólidos combinados a partir do leite (zerpan, cicolact, unilact, etc.)

Os ovos. Na indústria de panificação, apenas são utilizados ovos de galinha que são apresentados como tal,

como mistura de ovos (ovo inteiro, clara, gema) ou ovo em pó (clara em pó, gema em pó, ovo inteiro em pó).

Produtos à base de carne. A carne é utilizada principalmente no fabrico de produtos de pastelaria fresca, e o extrato de carne, a farinha de carne e a farinha de peixe são utilizados no fabrico de vários tipos de massas alimentícias.

Outros tipos de farinha. Para além da farinha de trigo, alguns produtos utilizam também outros tipos ou variedades de farinhas comuns ou com características especiais, sendo as mais comuns:

- A farinha de gérmen de trigo ^ também designada por biovit, é um produto rico em vitaminas B e E, proteínas, sais minerais, sendo utilizada na obtenção de produtos de padaria, pastelaria e tartes;

- A farinha de milho ^ é rica em amido e é utilizada no fabrico de produtos de pastelaria e padaria;

- farinha de batata ^ devido ao seu rico teor em amido, é utilizada como aditivo em alguns tipos de pão e produtos de panificação;

- A farinha de arroz ^ é utilizada no fabrico de produtos de panificação, bolachas e produtos açucarados, contribui para o aumento do poder calórico e dá um aspeto castanho e estaladiço,

- A farinha de soja ^ é o produto mais rico em proteínas e substâncias minerais, sendo utilizada no fabrico de vários tipos de massas, biscoitos e produtos de panificação;

- farinha proteica ^ obtida a partir de germes de milho desengordurados ou não, por moagem após secagem e fritura, sendo rica em proteínas, sais minerais e gorduras vegetais.

Substâncias para o sabor e o aroma. Pertencem a esta categoria o sal comestível utilizado em todos os produtos de panificação, com exceção das massas alimentícias, a baunilha, a etilvanilina, a canela, o cravinho, o cominho, os aromas e as essências naturais sob a forma de óleos essenciais (citrinos, amêndoas, rosas, etc.).

Substâncias para fins tecnológicos. Na indústria de panificação, é utilizada uma série de substâncias que contribuem para a melhoria das condições de algumas fases do processo tecnológico, podendo ser agrupadas em várias categorias.

Desprendimento bioquímico. O desprendimento bioquímico baseia-se na atividade das leveduras que, após a fermentação alcoólica, libertam dióxido de carbono, produzindo o desprendimento da massa. Para este efeito, utiliza-se a levedura de padeiro comprimida e a levedura seca (da família Saccharomyces cerevisiae), produtos obtidos por multiplicação de células de levedura seleccionadas e separadas do meio de cultura.

Produtos de limpeza químicos. O afrouxamento da massa por meios químicos obtém-se com a ajuda de substâncias que, introduzidas na massa, sob a ação do calor dão origem a reacções com a formação de dióxido de carbono e amoníaco.

Os amaciadores químicos são representados por produtos ácido-alcalinos (fermento em pó) ou produtos alcalinos (bicarbonato de sódio, carbonato de magnésio).

Os ácidos alimentares são substâncias com a função de melhorar as propriedades de cozedura da farinha, através da adição das quais se obtém uma descoloração da massa. Os ácidos alimentares mais utilizados na indústria de panificação são o ácido tartárico, o ácido cítrico, o ácido ascórbico e o ácido lático. Para além dos apresentados, na indústria de panificação também se utiliza o glúten vital (adicionado às farinhas pobres em proteínas e às farinhas integrais), as sementes de algumas culturas torradas ou não previamente (sésamo, papoila, girassol, abóbora, linho, etc.). Para além disso, são utilizados conservantes para combater o bolor e a doença mesentérica (acetatos, propionatos, sorbatos). Todas as matérias-primas e auxiliares, antes de serem utilizadas no processo de fabrico, são submetidas a operações específicas de receção qualitativa e quantitativa, após um tratamento preliminar por trituração, moagem, dissolução, mistura, fusão, caraterístico de cada uma.

1.2.1. Tecnologia de fabrico de pão e produtos de panificação

Com uma quota muito importante no consumo humano, os produtos de panificação são fabricados numa vasta gama de sortidos, incluindo pão redondo (branco, preto, dietético, graham), pão branco tipo pão, tranças sobrepostas, pãezinhos, croissants, pretzels, pãezinhos, barras, palitos, etc.

O pão é o principal produto de panificação e é normalmente obtido de acordo com o esquema tecnológico da figura 1.4. Na prática, são utilizadas duas variantes tecnológicas para o fabrico do pão:

• o processo monofásico ou direto: consiste em misturar todos os componentes da receita e amassar até obter uma massa com a consistência desejada;

• o método indireto: pode ser bifásico (prepara-se previamente uma levedura fermentada a partir da farinha, da água e de toda a levedura, juntando-se na segunda fase a levedura e o resto das matérias, após o que se amassa a massa) ou trifásico (uma porção de massa amassada, a maionese e finalmente a massa).

O método direto conduz à obtenção de uma massa com sabor e aroma insuficientes, o miolo resultante é quebradiço e envelhece rapidamente, o consumo de levedura é elevado.

O método bifásico é o mais utilizado na prática porque é aplicado a farinhas qualitativamente superiores, sendo as características da massa e, implicitamente, do produto acabado superiores, o tempo de conservação mais longo e as características organolépticas correspondentes.

O método trifásico é utilizado principalmente para processar farinhas com um elevado grau de extração, farinhas de baixa qualidade ou mesmo degradadas.

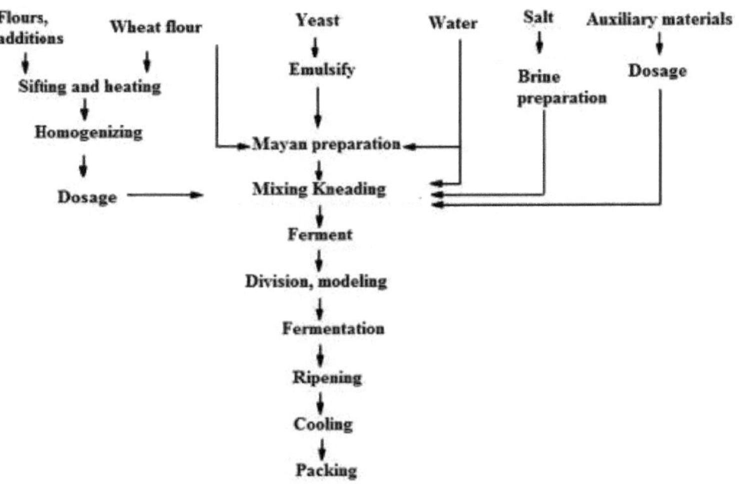

Fig. 1.4. O esquema tecnológico para o fabrico de pão utilizando o sistema bifásico

processo

A preparação da massa lêveda consiste em misturar levedura com água e parte da farinha de trigo e fermentar a mistura, sendo a proporção dos componentes dependente da qualidade da farinha de trigo utilizada. O modo de obtenção da levedura (consistência, temperatura, duração da fermentação) determina a qualidade do pão. Em função da consistência, as leveduras podem ser fluidas (65-75% de humidade, 8082% da água necessária, 30-40% da farinha, 0,7-1,0% de sal, 3-4 horas de fermentação a $27\text{-}29^0$ C), respetivamente consistentes (41-45% de humidade, 30-60% de farinha, 90-180 minutos de fermentação a $25\text{-}29^0$ C).

A preparação da massa contém, de facto, duas fases: a mistura e a amassadura propriamente dita.

Na primeira fase, a levedura é misturada com o resto da farinha, aditivos, água salgada e materiais auxiliares, de acordo com a receita de fabrico. A mistura dura 4-5 minutos a baixa velocidade dos órgãos activos, durante os quais as partículas de farinha adsorvem água, aumentando o seu volume, sendo a adsorção acompanhada por um ligeiro aquecimento da mistura. À medida que se formam aglomerados de farinha húmida, ao misturar, estes juntam-se e formam gradualmente uma massa homogénea, transformando-se a mistura gradualmente em amassadura propriamente dita, com o aumento da velocidade de trabalho dos órgãos activos. Durante o período de amassadura, forma-se o glúten, que absorve uma grande quantidade de água. A massa torna-se mais plástica, não pegajosa e seca ao toque, altura em que a amassadura é considerada terminada. O tempo de amassadura é mais longo do que o da mistura e situa-se entre 8 e 12 minutos, consoante a qualidade da farinha.

A fermentação da massa é determinada pelas enzimas das leveduras. Assim, sob a ação da zimase, os açúcares da farinha são transformados em dióxido de carbono e álcool, sendo o processo evidenciado pelo facto de o volume da massa aumentar, a sua consistência diminuir e se tornar mais esponjosa. Os gases e aromas resultantes da atividade das leveduras contribuem para a boa fermentação da massa.

Paralelamente à fermentação alcoólica produzida pelas leveduras, dá-se também uma fermentação láctica, resultante da presença de bactérias lácticas presentes na farinha, aumentando a acidez da massa. O tempo de fermentação da massa depende de vários factores, tais como a quantidade de levedura, a tecnologia de fabrico da massa e a temperatura. Se a fermentação for feita em salas termostáticas, o tempo de fermentação é de 10-20 minutos a uma temperatura de $28-30^0$ C e uma humidade relativa do ar de 7580%.

O objetivo da divisão e modelação da massa é obter uma forma e peso característicos de cada sortido fabricado, para o que são utilizadas máquinas especializadas.

A levedação da massa ou a fermentação final consiste em finalizar a fermentação da massa e
a inclusão de novos gases, sendo os formados eliminados após a modelação. A massa levedada tem um volume aumentado em função da capacidade de retenção de gases e que depende das suas características reológicas e, finalmente, da qualidade da farinha de trigo utilizada.

O regime de trabalho de fermentação depende do tipo de sortido fabricado, da qualidade da matéria-prima utilizada e varia entre 20-90 minutos, sendo o regime ótimo caracterizado por uma temperatura de 30-35^0 C e 70-80% de humidade relativa do ar.

A cozedura da massa tem como objetivo transformar os componentes da massa, especialmente o amido e as proteínas, em substâncias mais facilmente assimiláveis pelo organismo, imprimindo o sabor e o aroma específicos do pão.

As transformações que ocorrem na massa dependem da sua temperatura, pelo que nos primeiros minutos a massa ao atingir uma temperatura de cerca de 50^0 C determina uma intensa atividade de leveduras e enzimas, que produz uma violenta fermentação. As leveduras morrem a 55-60^0 C, enquanto as enzimas continuam a sua atividade até cerca de 80^0 C, transformando o amido em açúcares fermentáveis.

A uma temperatura de 120^0 C na massa, inicia-se a formação de dextrinas e a caramelização dos açúcares, obtendo-se finalmente os produtos fritos.

A operação de cozedura do pão é realizada em fornos de soleira, fornos a vapor, fornos eléctricos ou fornos de funcionamento contínuo do tipo túnel de correia.

O modo de cozedura é caracterizado por uma temperatura de 240-280^0 C, sendo a duração caraterística de cada variedade fabricada em função da sua forma e massa, variando entre 10 minutos para as broas e 65 minutos para o pão semi-branco de 2 kg, sendo as perdas de peso na cozedura de 818%. Arrefecimento do pão. Ao sair do forno, a côdea do pão tem uma temperatura de 140-160^0 C, enquanto o miolo tem apenas 90^0 C, pelo que é necessário arrefecê-lo até valores que permitam o seu manuseamento para embalagem e expedição. A operação de arrefecimento é efectuada lentamente para não afetar a qualidade do pão, em câmaras ou túneis de arrefecimento, com perdas de peso de 0,5-0,8%.

Na prática industrial, são utilizados outros métodos de fabrico de pão que visam reduzir o tempo de produção, aumentar a qualidade dos produtos e mecanizar e automatizar o fluxo de produção. Entre estes, podemos mencionar: o método de fabrico com amassadura rápida e produção intensiva de massa, o método de fabrico com produtos semi-acabados fluidos, o método com culturas iniciais de microrganismos, o método de fabrico com produtos semi-acabados refrigerados e congelados, o método de fabrico de pão pré-cozido.

1.2.2. Tecnologia de fabrico de massas alimentícias

A massa de farinha é um produto alimentar obtido a partir de farinha de trigo e água, com ou sem adição de ovos, massa de tomate, leite ou outros materiais auxiliares, de acordo com o esquema tecnológico da figura 1.5.

As massas de farinha são fabricadas numa gama variada, tanto em termos de forma como de composição, sendo classificadas da seguinte forma

■ de acordo com a forma de apresentação: massa longa (esparguete, macarrão, lasanha), massa média (talharim, macarrão) e massa curta (estrelas, caracóis, conchas, outras formas);

■ por composição: massa simples, massa com ovos, massa com adições, massa de outras farinhas (milho, arroz, ervilhas) e massa com recheio (carne, queijo, legumes, frutas).

Preparação da massa. A massa destinada ao fabrico de massas de farinha é a mais simples, sendo constituída por farinha e água, com um máximo de

10% em relação à farinha e com pouca influência no carácter da massa. Para o fabrico de massa de farinha, prepara-se uma massa dura, com uma consistência ligada.

Para tal, o amido da farinha é hidratado numa proporção de 75-80% com um pouco de água, sem alterar a sua forma e estrutura. Uma vez que gelatiniza a temperaturas superiores a 60 °C, o papel de aglutinante é assumido pelo glúten formado a partir de substâncias proteicas e, em menor grau, pelas substâncias gordas da farinha. Por este motivo, a farinha utilizada para preparar a massa deve ter um mínimo de 36% de glúten húmido e mais de 12% de glúten seco. As características da massa são determinadas pelo regime tecnológico aplicado, representado por:

■ a humidade da massa ^ varia entre 28-36%, muito abaixo da capacidade de hidratação da farinha, sendo a quantidade de água adicionada estabelecida em função da quantidade e qualidade do glúten, da granulação e da humidade da farinha, respetivamente da variedade fabricada;

■ a temperatura da massa ^ determina em grande parte as propriedades plásticas, influenciando a formação de películas de glúten e a ligação do amido; a temperatura à qual a plasticidade da massa tem o valor ótimo situa-se entre 35-45⁰ C, fora deste intervalo surgem algumas desvantagens;

■ a duração e a intensidade da amassadura ^ são estabelecidas pelo regime tecnológico de fabrico e têm valores de cerca de 15-20 minutos, em função da qualidade da farinha, da consistência e da temperatura da massa;

■ a granulação da farinha ^ sêmola é a que determina a formação da massa compacta, bem ligada e plástica, da qual se obtém uma massa de alta qualidade, resistente, vítrea e de superfície lisa; a granularidade óptima da farinha é de 250400 ц.

A farinha, a água e os materiais auxiliares são devidamente preparados e doseados de acordo com a receita no recipiente de mistura, consistindo a preparação da massa na sua amassadura e compactação. O tempo de amassadura depende da qualidade da farinha, da temperatura e da consistência final da massa, variando entre 15-25 minutos à pressão atmosférica e entre 10-15 minutos quando a amassadura é efectuada em máquinas de vácuo. A compactação da massa é feita por enrolamento ou prensagem e tem como objetivo retirar o ar, aglomerar e colar as partículas, resultando numa massa elasto-plástica compacta, adequada à modelação. Para conferir à massa estas propriedades elastoplásticas, com efeito na qualidade da massa obtida, é necessário respeitar o regime térmico e hídrico ótimo para a massa, regime esse dependente da qualidade da farinha utilizada no fabrico.

O principal objetivo da modelação da massa é garantir a forma específica de cada sortido de massa farinhenta. Para além da forma, que deve ser uniforme em toda a massa dos produtos acabados, a modelagem garante à massa farinhenta um aspeto exterior brilhante e uma estrutura homogénea na secção.

Podem ser utilizados vários métodos para moldar a massa de farinha, tendo em conta a sua forma e estrutura:

• trefilagem ^ consiste em passar a massa sob pressão através dos orifícios dos moldes (semelhante à obtenção de fios metálicos), sendo o método mais utilizado;

• modelação por estampagem ^ a partir de uma folha de massa com uma certa espessura, cortam-se pedaços de massa em várias formas (a massa é enrolada entre rolos antes de ser estampada);

• modelação por corte ^ cortam-se tiras de um determinado comprimento a partir de uma folha de massa com uma espessura determinada.

A modelagem da massa é feita em máquinas modeladoras que trabalham com um vácuo de 550-700 mm Hg, para a remoção total do ar da massa, o regime de trabalho das prensas depende da qualidade da farinha, da humidade da massa, da pressão e da velocidade de prensagem. Para obter uma massa de farinha de qualidade, a temperatura da massa deve situar-se entre 40-45^0 C, a humidade entre 29-31%, a pressão de trabalho entre 6,5-15 MPa (dependendo da relação entre a superfície útil e a superfície total) e a velocidade de prensagem de 15-25 mm/s para as prensas que trabalham à pressão atmosférica, respetivamente 15-35 mm/s e, em alguns casos, até 100 mm/s, para as prensas que trabalham sob vácuo.

Para obter massas de esparguete, macarrão e aletria, a velocidade de trabalho é constante em toda a secção dos furos de desenho. Para a massa de caracol ou de amêijoa, a velocidade de trabalho é desigual na secção do furo, precisamente para imprimir um movimento de modelação destas formas.

No final da modelação, a massa de farinha é cortada em comprimentos correspondentes ao sortido fabricado, estando as prensas de modelação equipadas com facas rotativas de velocidade regulável.

Pré-secagem da massa. Para evitar a colagem e a deformação das massas após a modelação, é necessário retirar rapidamente uma quantidade de água das massas modeladas. Nesta fase, as massas são colocadas na peneira e nas correias transportadoras ^ em camadas uniformes, o macarrão em caixas e o esparguete suspenso em varas. A pré-secagem remove uma percentagem de água entre 25-40% durante 20-60 minutos, utilizando ar com uma humidade relativa de 65-75% e uma temperatura de 50-65^0 C.

A operação deve ser conduzida de forma a que, no final, a massa tenha uma humidade de 18-20%, endureça suficientemente, não se deforme nem se cole. Deve ser alcançado um regime de secagem em que se obtenha um equilíbrio entre a difusão interna e a difusão externa da água da massa.

Secagem da massa de farinha. A fase de secagem da massa farinhenta assegura as características qualitativas do produto acabado, como a resistência à rutura, a manutenção da forma modelada, a superfície brilhante e lisa, a cor uniforme. Além disso, após a secagem, a massa farinhenta deixa de estalar, é difícil de partir e não se desfaz. A secagem consiste em baixar o teor de humidade da massa para menos de 11-13%, o que permite armazená-la durante um longo período de tempo, mantendo as suas qualidades nutricionais, cor, forma e aspeto.

A secagem das massas de farinha é efectuada com ar quente e durante longos períodos de tempo, de modo a equilibrar as duas velocidades de difusão da água.

As instalações tecnológicas para a secagem de massas de farinha têm vários regimes de trabalho, que podem ser agrupados da seguinte forma

■ instalações de secagem contínua, com o aumento progressivo da capacidade de secagem do ar utilizado;

■ instalações de secagem contínua com capacidade constante de secagem do ar utilizado;

■ instalações de secagem com regime intermitente, em que a massa é submetida alternadamente a fases de secagem com fases de repouso, de modo a equilibrar e uniformizar a humidade da massa.

Nas instalações modernas, a massa de farinha é seca a temperaturas elevadas de 60-75^0 C, quando o tempo de secagem é encurtado, simultaneamente com a melhoria da qualidade da massa, e a massa é seca a temperaturas muito elevadas de 80-120^0 C, quando se obtém uma massa superior em termos de qualidade e com uma carga microbiológica muito reduzida. Para estes dois métodos, são necessários elevados fluxos de ar a elevadas humidades relativas, sendo a secagem praticamente realizada a baixos gradientes de humidade.

A duração da secagem depende do regime térmico utilizado e é determinada pela temperatura e humidade relativa do ar. Nas instalações com secagem contínua com ar quente, a temperatura situa-se entre 35-45^0 C e a humidade relativa de 6585%, variando o tempo de secagem entre 24-36 horas, dependendo do sortido fabricado. Nas instalações de secagem com ar a temperaturas altas e muito altas, a humidade relativa do ar situa-se entre 75-90%, alta velocidade de circulação, o que determina um tempo de secagem de 3-8 horas.

No final da operação de secagem, a massa de farinha é submetida durante 7-10 horas a uma estabilização que visa a uniformização da humidade em toda a massa do produto.

O acondicionamento das massas de farinha é efectuado manualmente (em caixas de madeira forradas com papel, caixas de cartão canelado, sacos de papel, sacos de polietileno) ou mecanicamente (em caixas de cartão, película de polietileno termo-selável, celofane termo-selável, papel pergaminho). Após o acondicionamento, as massas são conservadas em locais com baixa humidade e temperaturas inferiores a 20^0 C.

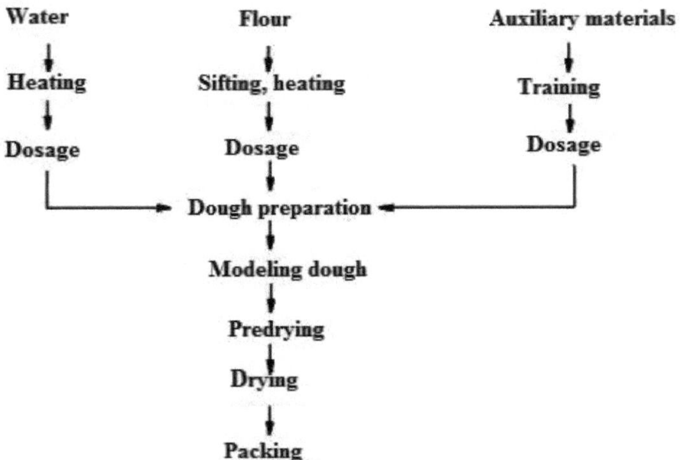

Fig. 1.5. Esquema tecnológico para o fabrico de massas de farinha

1.2.3. Tecnologia de fabrico de bolachas

As bolachas são produtos de panificação cujo valor nutritivo é determinado pelas matérias-primas utilizadas no seu fabrico. São obtidos por cozedura das formas resultantes da modelação a partir de uma massa densa, esticada sob a forma de uma folha, que é composta por farinha de trigo, gorduras, açúcar, sal, fermentos, aromas e essências, etc.

A variedade de bolachas fabricadas atualmente pode ser agrupada da seguinte forma, em função da tecnologia utilizada e do teor de açúcar e de gordura, respetivamente:

■ Bolachas de glúten, com um teor máximo de açúcar de 20% e um teor máximo de gordura de 12%;

■ bolachas açucaradas, com um teor mínimo de açúcar de 20% e um máximo de 5-6% de gordura;

■ bolachas, com um teor de gordura de 22-28% e um teor máximo de açúcar de 5-6%;

■ Bolachas recheadas, obtidas através do recheio de bolachas de glúten ou açucaradas com natas;

■ biscoitos glaceados (revestidos), obtidos por cobertura de biscoitos glaceados ou açucarados com diversos glaceados.

As principais operações do processo tecnológico de fabrico (fig. 1.6) são: preparação das matérias-primas e auxiliares, preparação da massa, modelação, cozedura, arrefecimento, triagem ou classificação e embalagem das bolachas.

A preparação das matérias-primas e auxiliares consiste na receção quantitativa e qualitativa, seguida, conforme o caso, de peneiração, trituração, dissolução, filtragem, liquefação, diluição e, finalmente, dosagem dos componentes de acordo com a receita de fabrico, uma operação importante devido aos efeitos que tem sobre a qualidade do

os produtos acabados.

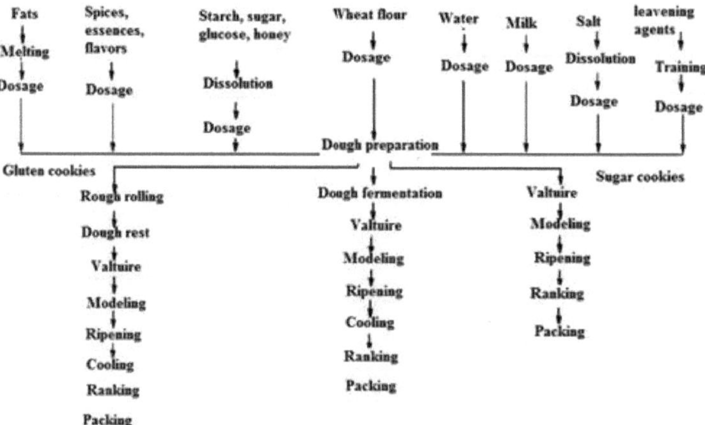

Fig. 1.6. O esquema tecnológico para o fabrico de biscoitos de glúten, bolachas e biscoitos açucarados

Preparação da massa. A massa para o fabrico de bolachas caracteriza-se por um grande número de componentes, com um peso significativo em relação à farinha de trigo, facto que a diferencia significativamente de outros tipos de massa. É por isso que o primeiro passo é formar pré-misturas de materiais e depois a mistura final que é a massa. A preparação da massa consiste na mistura dos componentes com a ajuda de batedeiras equipadas com braços de amassar fortes e na sua homogeneização em toda a massa. Neste caso, a formação da estrutura glúten já não é tão importante como no caso da preparação da massa para pão ou para massas.

As características da massa destinada ao fabrico de bolachas são determinadas pelos seguintes factores:

• a composição da massa: depende da receita de fabrico e é o que confere ao produto acabado as suas características específicas;

• humidade da massa: é determinada pela adição de água e de produtos líquidos, bem como pela humidade inicial dos componentes da massa, mas que deve situar-se entre 25-27% para as bolachas sem glúten, 26-29% para as bolachas e 16-19% para as bolachas de açúcar;

• temperatura da massa: tem efeitos directos nas propriedades plásticas da massa e recomenda-se valores de $28\text{-}40^0$ C para biscoitos de glúten, $19\text{-}25^0$ C para biscoitos de açúcar e 20-28 0C (dependendo da duração da fermentação) para biscoitos de crackers.

Modelação da massa. Para obter produtos com a forma e as dimensões desejadas, a massa é submetida à operação de modelação que, consoante o método de transformação, pode ser efectuada estampando a massa passada entre rolos (bolachas e biscoitos de glúten), pressionando a massa em formas (bolachas de açúcar) ou desenhando a massa (bolachas polvilhadas).

Em alguns tipos de biscoitos, a operação de modelagem é seguida de uma polvilhada com açúcar ou sal, ou de uma untada das peças de massa moldadas com emulsão de ovos ou calda de açúcar.

A cozedura é a principal operação do fluxo tecnológico do fabrico de biscoitos, da qual dependem a qualidade e o prazo de validade dos produtos, bem como a eficiência económica da produção. A cozedura de bolachas é a operação tecnológica em que ocorrem processos físico-químicos, coloidais e bioquímicos, que produzem alterações importantes na massa. A cozedura assegura uma estrutura estável com uma resistência mecânica específica, finaliza o sabor, o aroma e o aspeto exterior. A cozedura das bolachas é efectuada em fornos de correia de fluxo contínuo, sendo o regime de trabalho caracterizado por temperaturas até $230\text{-}245^0$ C e o tempo de cozedura de 4-9 minutos, dependendo do tipo, tamanho e forma das bolachas.

O arrefecimento dos biscoitos é necessário porque, quando saem do forno, têm uma temperatura de 100-120^0 C e uma consistência reduzida, sendo bastante macios. Para poderem ser manuseados sem deformação ou quebra, os biscoitos são arrefecidos em duas fases: um arrefecimento rápido até 70^0 C num intervalo de tempo de 1-2 minutos, seguido de um arrefecimento lento a uma temperatura de 35-40 0C, para evitar o cruzamento ou o aparecimento de fissuras nas camadas superficiais.

Se o arrefecimento lento for efectuado em túneis com circulação forçada de ar, o tempo de arrefecimento pode ser reduzido para 10-15 minutos.

As bolachas são embaladas manual ou mecanicamente, utilizando grades, caixas de cartão, sacos de plástico, folha termosselável, embalagens de papel.

I.2.4. Tecnologia de fabrico de produtos de farinha a granel

A produção de produtos de farinha tufada está a conhecer um desenvolvimento especial devido à diversidade do sortido fabricado e à elevada procura dos consumidores, incluindo produtos de farinha tufada quimicamente (pão de gengibre, waffles, wafers), produtos de farinha tufada bioquimicamente e mistos (panetones, cheques, palitos) e produtos soltos mecanicamente (rolos, tops, biscoitos, produtos de clara de ovo).

Preparação do bolo doce. As matérias-primas utilizadas são a farinha de trigo, o açúcar, a glucose, os ovos, as gorduras e o bicarbonato de sódio e o carbonato de amónio como fermentos. A massa é preparada em amassadeiras com braços em que se efectua uma amassadura enérgica, após o que é submetida a um longo repouso, geralmente a baixas temperaturas. A massa é processada por enrolamento repetido até se obter uma folha com uma estrutura e dimensões uniformes. A modelação é feita por corte ou com máquinas rotativas, seguindo-se a cozedura dos pedaços de massa, o arrefecimento dos bolos, o corte, o recheio e a cobertura.

Fabrico de wafers e de bolachas. Para o fabrico de waffles, utiliza-se farinha de trigo, amido, leite, açúcar, eventualmente aromas e corantes, e como fermento utiliza-se bicarbonato de sódio e carbonato de amónio. A massa de waffles tem uma consistência muito baixa, sendo de facto um líquido que flui facilmente. Após a preparação, a massa é deitada em moldes, cozida em instalações de fluxo contínuo, após o que as folhas são retiradas dos moldes e, se necessário, cortadas ou recortadas. Os napolitanos são produtos obtidos a partir de folhas de wafer que são recheadas com vários cremes.

O fabrico de panetones. No fabrico dos panetones, utiliza-se farinha de trigo de muito boa qualidade, com um teor de glúten superior a 30%, açúcar, ovos, margarina, manteiga, passas, frutos cristalizados, essências naturais. A caraterística destes produtos é a preparação de ninhos, também chamados madre, a partir de farinha, água e uma cultura especial de leveduras e microrganismos. A massa para o ninho tem uma consistência muito elevada, é fermentada a baixa temperatura e a uma pressão que aumenta progressivamente. Utilizando uma parte do ninho, preparam-se os ovos, adicionando água e farinha, sendo estes periodicamente multiplicados e maturados. Com estas leveduras prepara-se a massa que, depois de amassada, passa para as máquinas de dividir e pré-formar. Após uma pré levedação, a massa é moldada em forma redonda, seguindo-se a colocação em pirotinas (formas cilíndricas feitas de papel vegetal ou papel tratado) para a prova final. A cozedura é efectuada em fornos durante 40 a 60 minutos.

Fabrico de pãezinhos. As matérias-primas para o fabrico de pãezinhos são a farinha de trigo, a margarina, o extrato de malte, o leite em pó, o açúcar e o fermento comprimido como agente de fermentação. A massa dos pãezinhos tem uma consistência muito elevada, sendo a sua humidade próxima da das bolachas.

O tempo de amassadura é curto e a temperatura óptima não deve exceder 70^0 C. A transformação da massa consiste em enrolá-la até obter uma folha de espessura determinada e moldá-la em máquinas especiais denominadas grisinatrices. Os fios resultantes são colocados em tabuleiros e deixados durante algum tempo para a levedação final, após o que são cozidos.

Fabrico de cheques. Os cheques são preparados de acordo com várias receitas de fabrico,

A sua principal caraterística é determinada pela baixa consistência da massa para estes produtos e pela cozedura em tabuleiros de diferentes tamanhos e formas. A massa é amassada com a ajuda de batedores, sendo a duração da operação relativamente curta. Se o afrouxamento for efectuado quimicamente, são adicionados afrouxantes dissolvidos em água no final da amassadura e, se o afrouxamento for efectuado bioquimicamente, são adicionados afrouxantes durante a amassadura. No caso de o afrouxamento ser efectuado por um método misto, os afrouxantes são adicionados na última parte da amassadura da massa. Depois de amassada, a massa é dividida e deitada em tabuleiros para a levedação final, juntamente com a qual é colocada no forno para cozer.

Produção de topos e rolos. A operação de preparação da massa consiste na mistura de todos os componentes ou partes deles, seguida de uma forte formação de espuma na composição. Imediatamente após a preparação, a massa é doseada e vertida em tabuleiros, formas ou na esteira do forno. A cozedura é feita a uma temperatura moderada, seguida de arrefecimento, recheio com cremes ou pastas de fruta, dobragem e enrolamento.

Fabrico de produtos à base de clara de ovo. A clara de ovo é utilizada para o fabrico de marshmallows simples ou variados. A preparação da composição consiste em misturar e bater energicamente a clara de ovo com o açúcar em pó durante muito tempo. No final da formação de espuma, adicionam-se os restantes ingredientes e incorporam-se uniformemente em toda a massa, de acordo com a receita de fabrico. A composição é vertida com a ajuda do cone em tabuleiros e colocada no forno, onde é cozida durante muito tempo a baixa temperatura.

II. Determinação das propriedades reológicas da massa durante a amassadura

II.1. Reologia

As propriedades reológicas podem ser medidas em sistemas ideais, especialmente aqueles que são puramente elásticos ou puramente viscosos. As massas possuem tanto as propriedades de um líquido viscoso quanto as de um sólido elástico, sendo consideradas viscoelásticas.

O comportamento de um material viscoelástico pode ser representado por um modelo mecânico (fig. 2.1).

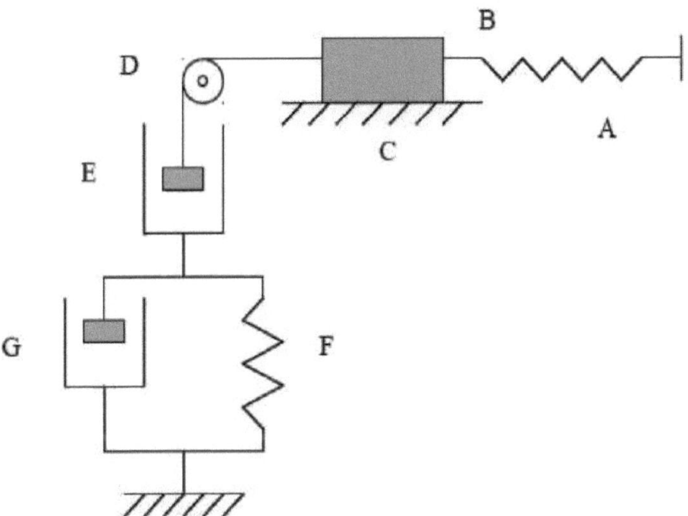

Fig. 2.1. O modelo mecânico do comportamento de um material viscoelástico

Onde A - ponto de aplicação da força; B- deformação temporal; C- força de atrito; D- ponto de transição das características estruturais; E- elemento viscoso do material; F- elemento elástico do material; G- elemento viscoelástico.

II.2. Propriedades reológicas da massa

As propriedades reológicas expressam a deformação da massa ao longo do tempo sob a ação das forças externas exercidas sobre ela. A massa feita de farinha de trigo é um corpo viscoelástico não linear, pelo que tem um comportamento intermédio entre os corpos sólidos ideais e os corpos fluidos: quando é sujeita a tensão, parte da energia é dissipada e outra parte é armazenada. Após a descarga, a deformação é parcialmente recuperada (fig. 2.2). Estas alterações são consideráveis durante cada fase tecnológica do fabrico do pão. fabrico do pão. Na fase inicial da amassadura, ocorrem deformações extremas; as deformações também aumentam quando a massa é fermentada, moldada, submetida à fermentação final e cozida.

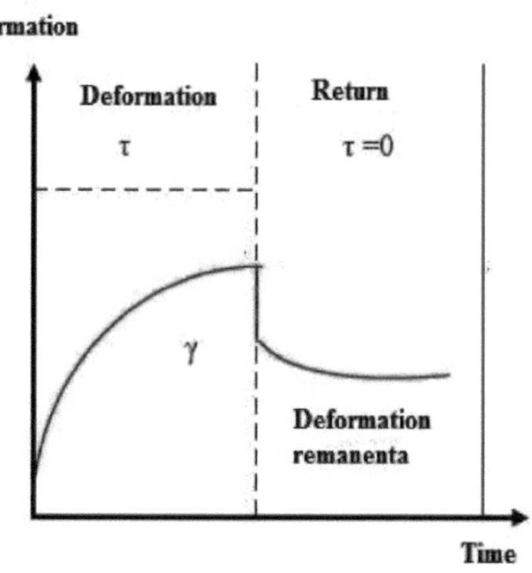

Fig. 2.2. Deformação e recuperação de um corpo viscoelástico τ- a tensão aplicada; γ- deformação

As propriedades reológicas da massa são: 1. viscosidade; 2. relaxação; 3. fluência; 4. elasticidade.

1. A viscosidade é a propriedade de resistir à deformação. A viscosidade da massa é uma viscosidade aparente, estrutural, que, ao contrário da dos líquidos, depende não só da temperatura e da pressão, mas também de uma série de outros factores como a velocidade de corte, o tipo de aparelho de medição, o processo a que a massa foi previamente submetida.

2. O relaxamento é o processo de reabsorção, de diminuição das tensões internas na massa, mantendo a forma. A absorção de tensões é efectuada pela

transição gradual da deformação elástica para a deformação plástica. O relaxamento não se efectua até à anulação das tensões internas, mas até um certo limite, que é o limite de elasticidade abaixo do qual o relaxamento não evolui.

3. A deformação por fluência é a propriedade de um corpo se deformar lenta e continuamente sob a ação de uma carga constante

4. A elasticidade é conferida pelo glúten e consiste no facto de a massa se deformar de forma reversível até uma determinada força aplicada, após o que se deforma de forma irreversível (plástica). A massa apresenta uma elasticidade instantânea, que aparece quando a força é aplicada, e uma elasticidade retardada, que aparece depois de a força ser retirada. A curva típica para um material viscoelástico está representada na figura 2.3 onde j é a razão entre a deformação que aparece quando se aplica uma força constante e a força aplicada, expressa em 1/Pa. A dimensão da deformação j (compilação) é função da qualidade da farinha e é tanto maior quanto mais fraca for a farinha (fig. 2.4).

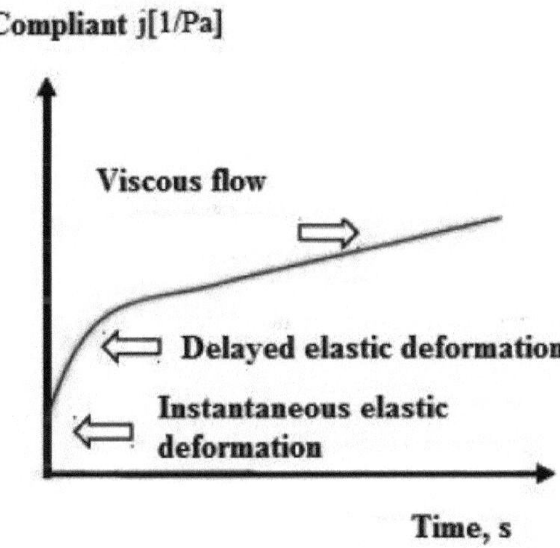

Fig. 2.3. A curva típica de um material viscoelástico em que se identificam três componentes

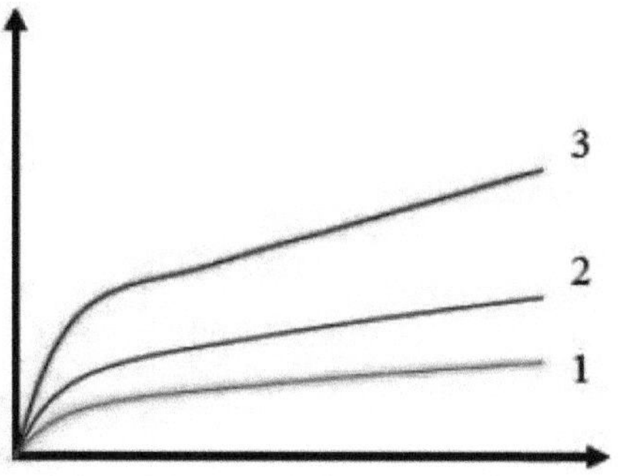

Fig. 2.4. Curvas de deformação da massa de farinha de trigo: 1- farinha forte, 2- farinha boa, 3- farinha fraca.

11.3. Grandezas reológicas

A tensão (o, т), [Pa] representa a força aplicada na unidade de superfície transversal de um corpo.

A deformação (e, y) representa a alteração da forma e/ou do volume de um corpo sob a ação de solicitações externas; pode ser elástica e recuperar após a remoção da força aplicada, ou pode ser viscosa e permanecer sem recuperação.

A velocidade de deformação (e, y) , [1/s] representa a derivada da deformação em relação ao tempo.

O módulo de elasticidade longitudinal (E), [Pa] é dado pela relação entre a tensão de tração ou de compressão (o, t) e o alongamento específico (e).

O módulo de elasticidade transversal (G'), [Pa] representa a contribuição elástica dos corpos viscoelásticos para o cisalhamento.

O módulo de viscosidade (dissipação) (G"), [Pa] representa a contribuição viscosa dos corpos viscoelásticos para a tensão de corte.

11.4. Factores que influenciam as propriedades reológicas da massa

As propriedades reológicas da massa têm um papel muito importante no processo de produção em que a massa é sujeita à ação de forças que causam tensão e determinam a sua deformação.

As propriedades reológicas da massa são influenciadas por uma série de factores:

1. a qualidade da farinha, respetivamente o teor de proteínas, tem uma grande influência nas propriedades da massa (a viscosidade de tração e a tensão de rutura aumentam com o teor de proteínas da farinha).

2. humidade da massa - as propriedades reológicas da massa (elasticidade e viscosidade) aumentam até determinados valores do teor de água correspondentes à dilatação máxima das proteínas, após o que o seu valor diminui. Com uma quantidade insuficiente de água na massa, não se atinge a dilatação óptima das proteínas do glúten, a massa obtida tem uma elasticidade reduzida e os produtos têm um volume e uma porosidade insuficientemente desenvolvidos. Com excesso de água, a massa tem uma consistência baixa e uma resistência fraca, e os produtos são achatados e têm uma porosidade grosseira.

3. temperatura - o aumento da temperatura da massa é acompanhado por uma diminuição da elasticidade e um aumento da extensibilidade e das propriedades da massa para espalhar, tanto mais pronunciado quanto mais fraca for a qualidade da farinha.

4. o tratamento mecânico (tempo de amassadura) diminui com o aumento da rotação do braço amassador. A massa insuficientemente amassada é homogénea, mas pegajosa e viscosa, e a massa excessivamente amassada é muito extensível, sem tenacidade, partindo-se facilmente.

5. a duração da fermentação (período de relaxamento) depende do processo tecnológico escolhido. As propriedades reológicas obtidas no final da fermentação devem permitir que a massa retenha bem os gases da fermentação.

6. o tipo de adições.

II.5. Determinação das propriedades reológicas da massa

São utilizadas diferentes técnicas, métodos e dispositivos para determinar as propriedades reológicas da massa:

1. estudo da qualidade do glúten através da medição direta das propriedades de

fluidez, elasticidade, extensibilidade e capacidade de inchamento.

2. o estudo do comportamento da mistura utilizando aparelhos como: misturador, farinógrafo, mixógrafo, reógrafo.

3. o estudo do comportamento de estiramento com extensógrafo, alveógrafo, extensómetro.

4. determinações da viscosidade e da penetração com o amilógrafo, o viscógrafo, o reótron, o penetrómetro e o viscosímetro.

5. o estudo do comportamento da fermentação com o fermentógrafo, o maturográfico, o reofermentómetro.

6. avaliação da amostra de cozedura através do estudo das propriedades sensoriais do pão.

II.6. Determinação das propriedades reológicas de amassadura da massa
II.6.1. Método faringográfico

O farinógrafo é utilizado para estudar as propriedades de amassadura da farinha. Fornece informações sobre a alteração das propriedades reológicas da massa durante a amassadura e permite a avaliação de factores críticos que influenciam estas propriedades, tais como a qualidade da farinha e a quantidade de água.

O poder da farinha é uma noção complexa que inclui uma série de índices de qualidade da farinha que caracterizam o seu comportamento tecnológico. Influencia a quantidade de água necessária para obter uma massa de consistência normal, a modificação das propriedades reológicas da massa durante o processo tecnológico, a manutenção da forma e a retenção de gases na massa, a forma e o volume do pão.

A resistência da farinha determinada farinograficamente inclui num único valor uma série de características expressas na curva farinográfica. Esta determinação é efectuada com a ajuda da régua métrica de valor e é expressa em unidades convencionais com valores de 0-100.

II.6.1.1. Princípio do método

Medição do momento oposto da massa durante a amassadura, desde o momento da adição da água sobre a farinha e durante o desenvolvimento, a estabilidade e o amolecimento da massa. O esforço é transmitido através de um dinamómetro para o sistema de registo.

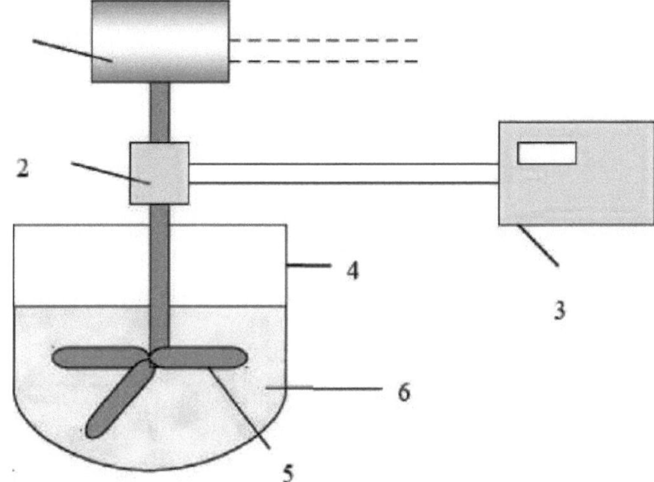

Fig. 2.5. Esquema do princípio da medição do momento oposto da massa durante a amassadura: 1- motor; 2- célula dinamométrica (sensor de momento); 3- sistema de registo, tratamento e visualização dos dados fornecidos; 4- tanque da amassadeira; 5- as pás do braço amassador amassam a massa; 6- a massa sujeita a amassadura.

O motor accionará o braço de amassar e as pás amassarão a massa na cuba. No braço de amassar existe um sensor de momento que transmite a informação (o momento oposto da massa a amassar) ao sistema de processamento e visualização de dados.

II.6.1.2. Dispositivos

- Farinógrafo Brabender (fig. 2.6), equipado com misturador, sistema de registo de curvas, bureta especial e termóstato;
- balança com uma precisão de 0,5 g;
- valor da régua métrica.

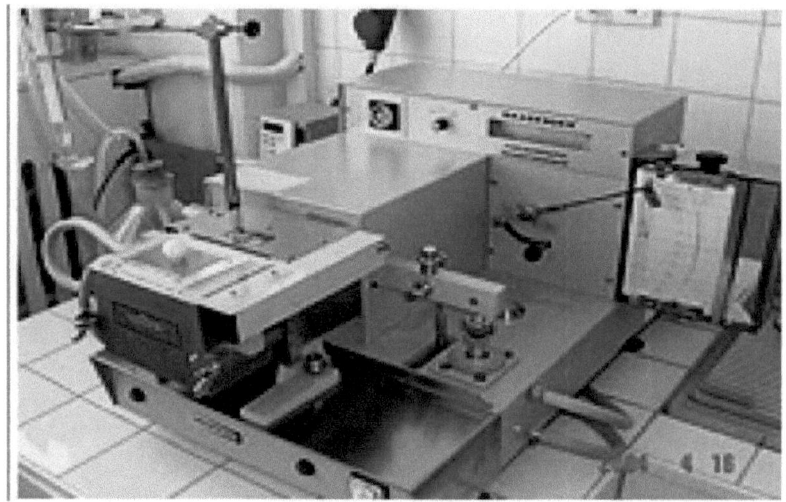

Fig.2.6. Faringógrafo

II.6.1.3. Procedimento

1. Preparar o dispositivo

- colocar o termóstato do farinógrafo em funcionamento e verificar a sua temperatura e a do espaço de amassadura (30±0,2°C);

- desligar o misturador do veio do motor e ajustar a posição dos contrapesos de modo a que, com o motor em funcionamento, o desvio do indicador seja zero, e quando o misturador estiver ligado, com a taça vazia e limpa, à velocidade específica do dispositivo, o desvio seja 0U.F   5U.F.;

- o amortecedor é ajustado de modo a que, com o motor em funcionamento, o tempo necessário para o indicador passar de 1000U.F. para 100U.F. seja de 1,0±0,2s;

- encher a bureta, incluindo a ponta, com água a uma temperatura de 30±°C.

2. Análise farinográfica da farinha. Traçado da curva farinográfica normal. Variante SR ISO 5530-1/1990

- Pesar, com uma precisão de 0,1 g, o equivalente a 300 g (para a batedeira de 300 g) ou 50 g (para a batedeira de 50 g) de farinha com 14% de humidade;

- colocar a farinha na batedeira, tapar a batedeira e pôr a máquina a funcionar, misturando a farinha durante 1 minuto. Adicionar a água da bureta, situada no canto frontal direito da amassadeira, em 25s. O volume de água adicionado é próximo do necessário para obter uma consistência máxima de massa de 500U.F. Quando a massa estiver formada, limpar as paredes da taça com a espátula, incorporando tudo na massa, sem parar a batedeira. Se a consistência for demasiado elevada, adicionar um pouco mais de água, até obter a consistência máxima de 500U.F.;

- Enquanto as pás da amassadeira estão em movimento, a caneta registadora regista a curva farinográfica normal, oscilando no momento máximo, que coincide com a formação da massa, em torno da linha que marca a consistência padrão;

- o registo da curva continua durante, pelo menos, 10 minutos após o fim do tempo de desenvolvimento da massa;

- parar o aparelho e limpar o misturador.

11.6.1.4.   Expressão dos resultados

A curva farinográfica normal (fig. 2.7) permite determinar as seguintes características:

a. O tempo de desenvolvimento da massa (min) representa o intervalo de tempo entre o início da adição de água e o ponto da curva imediatamente antes do primeiro sinal de diminuição da consistência. Se a curva apresentar dois máximos, o segundo máximo é utilizado para medir o tempo de desenvolvimento. Consequentemente, toma-se a média aritmética do tempo de desenvolvimento da massa nas duas curvas, com uma aproximação de 0,5 min se a diferença não exceder 1 min, para um tempo de desenvolvimento até 4 minutos, ou 25% do seu valor médio, para tempos de desenvolvimento mais longos.

b. A estabilidade da massa (min) representa o intervalo de tempo entre o ponto em que o topo da curva cruza a linha de consistência pela primeira vez e o ponto em que o topo da curva deixa a linha de consistência.

c. O grau de amolecimento (UF) é a diferença de consistência medida entre o centro da curva no fim do desenvolvimento da massa e o centro da curva 12 minutos depois desse ponto. Por conseguinte, toma-se a média aritmética do grau de amolecimento das duas curvas com uma aproximação de 5 UF, se a diferença não exceder 20 UF para graus de amolecimento até 100 UF ou 20% do seu valor médio para valores superiores.

d. O número de qualidade representa o comprimento, em mm, ao longo do eixo do tempo, entre o ponto de adição de água e o ponto em que a altura do centro da curva diminuiu 30 UF em comparação com a altura do centro da curva no momento do desenvolvimento.

e. O tempo de processamento (min) é o período de tempo constituído pelo tempo de desdobramento e pela estabilidade da massa,

f. O índice de tolerância (UF) é a diferença entre a consistência máxima da massa e o valor da consistência após 5 minutos de amassadura, medido no centro da curva. Mostra a rapidez com que a massa fica quando é levedada em excesso.

g. A elasticidade da massa (UF) é dada pela amplitude das oscilações do registo, ou seja, pela largura da curva. Quanto mais elástica for a massa, mais larga será a curva.

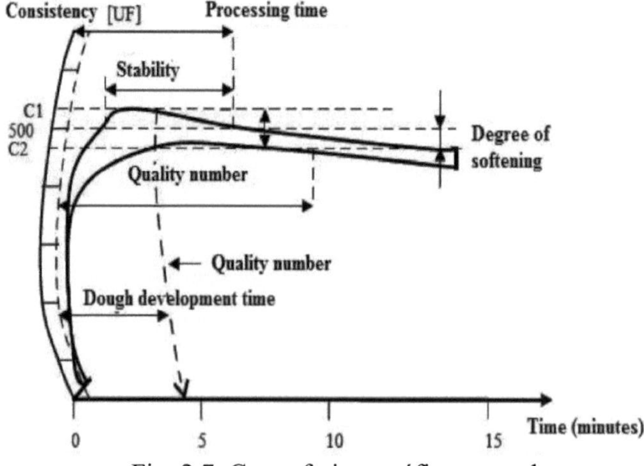

Fig. 2.7. Curva faringográfica normal

O sistema de registo de dados é apresentado na figura 2.8.

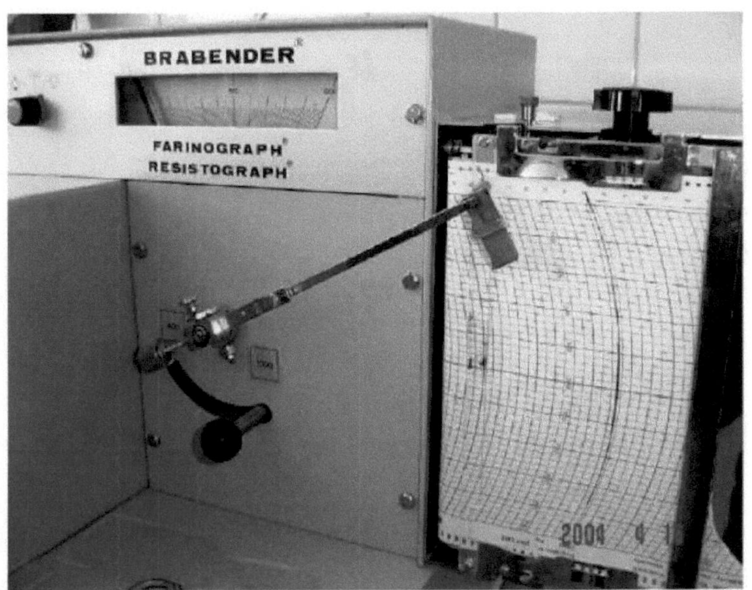

Fig. 2.8. Sistema de registo de dados - pormenor

A qualidade da farinha em função do valor das características da curva farinográfica é apresentada no quadro 2.1.

Quadro 2.1. Características da curva em função da qualidade da farinha

Características	Qualidade da farinha		
	Pobres	Média	Forte
Tempo de desenvolvimento (minutos)	1-2	3-8	8-15
Estabilidade (min)	0-1	4-5	10-15
Amolecimento (U.B.)	mais de 200	40-50	20-30

11.6.1.5. Conclusões

O tamanho do momento depende da resistência da massa, varia durante a formação da massa e determina os desvios angulares correspondentes que são incluídos num diagrama que reflecte a evolução da resistência da massa ao longo do tempo.

A informação obtida a partir da curva farinográfica é importante para o transformador e dá-lhe a oportunidade de intervir de forma a corrigir quaisquer defeitos observados. Assim, a mistura de farinhas processadas pode ser alterada, a quantidade e o tipo de melhoradores necessários para obter uma mistura de qualidade óptima podem ser estabelecidos.

II.6.2. Método Consistográfico

11.6.2.1. Princípio do método

Medição e registo da pressão exercida pela massa durante a amassadura na superfície da cuba com a ajuda de um sensor de pressão. O consístógrafo efectua 2 tipos de testes:

1. O teste de hidratação constante permite determinar o valor da pressão máxima (Prmax), que varia de forma diretamente proporcional à capacidade de absorção de água da farinha. Com base neste valor, determina-se o grau de hidratação.

2. ensaio de hidratação adaptado, HYDHA, que utiliza o grau de hidratação previamente determinado e que depende da consistência da massa.

O motor (1) põe em movimento o braço amassador (2), respetivamente as pás (5) que irão amassar a massa (6) da cuba (4). Na cuba existe um sensor de pressão (3) que irá transmitir a informação relativa à pressão exercida pela massa na cuba ao sistema de processamento e visualização de dados (7).

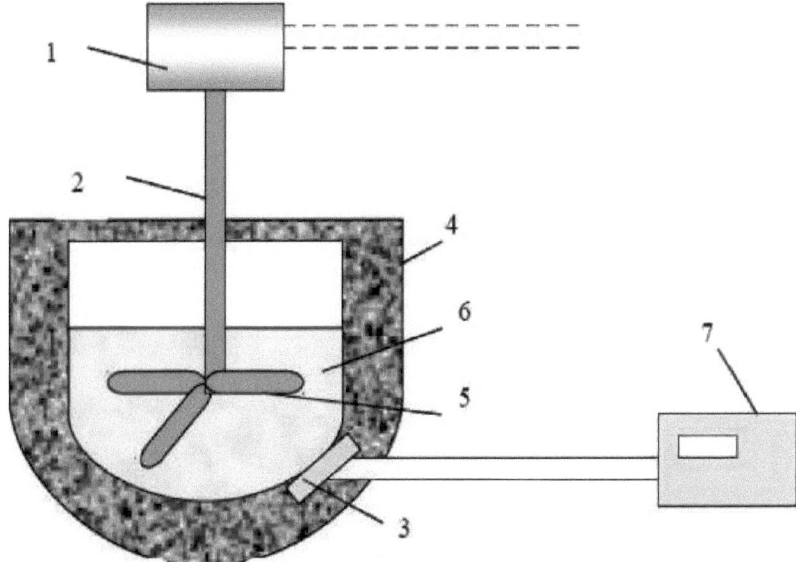

Fig. 2.9. Esquema do princípio de medição da pressão exercida pela massa na cuba durante a amassadura

11.6.2.2. Dispositivos

Consistógrafo CHOPIN, constituído por:

- batedeira termostática (fig. 2.9) constituída por uma taça e 2 braços de amassar. A taça está equipada com uma haste que impede a massa de se colar e de ficar de pé e com um sensor de pressão que determina a consistência da massa durante a amassadura.
- bureta;
- temporizadores;
- alveolink, um sistema que recebe informações do sensor de pressão e, com a ajuda de um software especial, desenha o cubo de pressão em função do tempo.

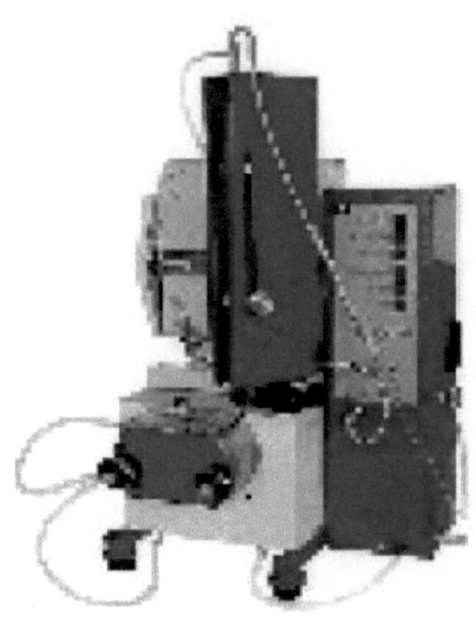

Fig. 2.10. Consistógrafo - vista geral

REAGENTES

Cloreto de sódio, solução a 2,5% em água destilada.

11.6.2.3.   Procedimento

1. O ENSAIO DE HIDRATAÇÃO CONSTANTE (CH)

-    Pesar 250 g de farinha com uma precisão de 0,5 g, colocá-la no recipiente de mistura e, na bureta especial, colocar a solução salina à temperatura ambiente, num volume determinado pela humidade da farinha, de modo a que a humidade da massa obtida seja de 43,33%;

-    introduzir o valor de humidade da farinha previamente determinado;

-    o temporizador do misturador arranca;

-    bloquear a tampa do misturador na posição fechada, fixar a bureta no orifício da tampa e regular o sentido de rotação dos braços do misturador para a direita;

-    o dispositivo está ligado;

-    imediatamente após o arranque, o conteúdo da bureta é esvaziado no

46

depósito do misturador e depois retirado;

- 30 segundos após o arranque, a batedeira pára, o braço de amassar é retirado do sensor de pressão. Abrir a amassadeira e limpar o resto da massa ou da farinha, de modo a que a farinha fique totalmente hidratada. O sensor também é limpo de possíveis resíduos sem o atingir;

- fechar a tampa da amassadeira, voltar a ligar o motor e retomar a operação de amassadura acima referida sem ultrapassar o tempo de 1 min e 30 s;

- o misturador reinicia;

- Aparece automaticamente no ecrã uma curva recortada que representa os valores da pressão exercida pela massa sobre o sensor;

- após 250 segundos, é visualizada a curva com os valores médios da pressão transmitida pelo sensor e os resultados da determinação que podem ser listados na impressora.

- por fim, limpe o misturador lavando-o, enxaguando-o e limpando-o com um pano seco.

2. TESTE DE HIDRATAÇÃO ADAPTADO (AH)

Este ensaio é efectuado consecutivamente ao ensaio de hidratação constante (CH).

- introduzir o valor de humidade da farinha e o grau de hidratação HYDHA previamente determinado;

- é apresentada a quantidade calculada de farinha e de solução salina necessária para obter a massa;

- Pesar a farinha com uma precisão de 0,5 g;

- encher a bureta com a solução salina;

- colocar a farinha no recipiente de mistura, fechar a tampa e introduzir a bureta no orifício da tampa;

- o sentido de rotação dos braços misturadores é regulado e o aparelho é ligado;

- esvaziar a bureta e, após 30 segundos, parar o misturador e retirar os braços do sensor de pressão;

- limpar o sensor de resíduos de massa e farinha, pode repetir a operação de limpeza 1-2 vezes sem exceder 90 segundos;

- o misturador reinicia;

- a curva da evolução no tempo da pressão exercida pela massa aparece no ecrã;

- após 480 segundos, o misturador pára automaticamente e é apresentada a curva com os valores médios de pressão transmitidos pelo sensor, bem como as características principais.

11.6.2.4. Expressão dos resultados

No ensaio de hidratação constante, são determinados os seguintes parâmetros:

1. Prmax- a pressão máxima exercida pela massa, mbarr;

2. Wa - capacidade de hidratação, %;

3. HYDHA- grau de hidratação, %;

Wa e HYDHA são determinados para a humidade da amostra de farinha analisada e para a humidade da farinha de 14%.

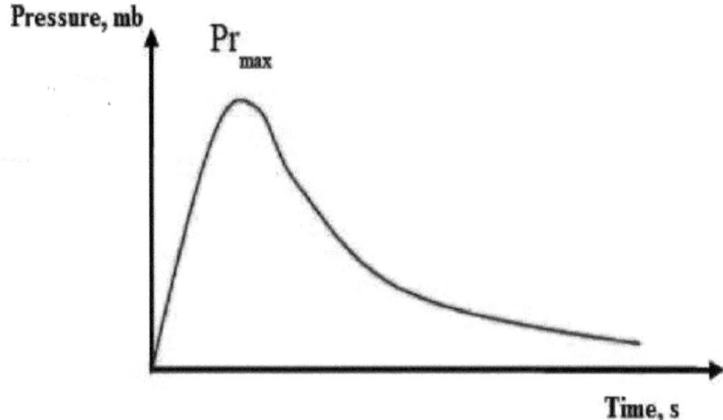

Fig. 2.11. Curva consistográfica para hidratação constante

No ensaio de hidratação adaptado, os principais parâmetros são:

1. Tprmax - o tempo necessário para atingir a pressão máxima exercida pela massa;

2. Tol- tolerância;

3. D_{250} - a diminuição da pressão-consistência da massa em relação à pressão máxima após 250 segundos do início da amassadura, mbarr;

4. D_{450} - a diminuição da pressão-consistência da massa em relação à pressão máxima após 450 segundos do início da amassadura, mbarr;

5. WAC - valor ajustado de hidratação adaptada.

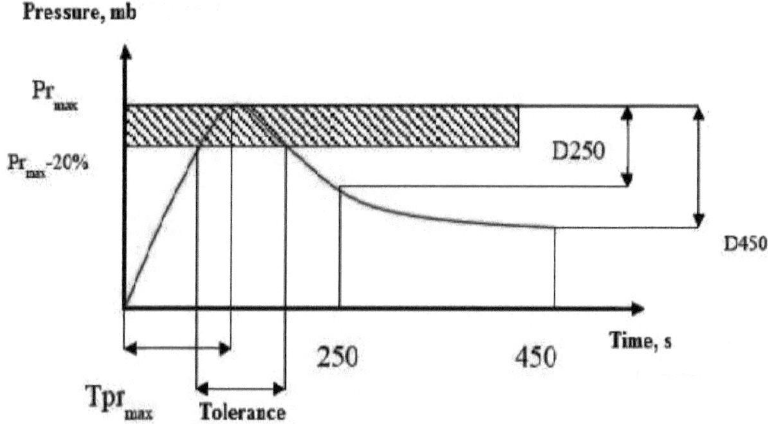

Fig. 2.12. Curva consistográfica para hidratação adaptada

II.6.2.5. Conclusões

Através do método consistográfico, determina-se a capacidade de absorção de água da massa e a consistência da massa, propriedades importantes nas fases seguintes do processo tecnológico. Para conhecer a capacidade de absorção, determina-se a pressão máxima exercida pela massa sobre a cuba. Os dois tamanhos são proporcionais. Desta forma, adapta-se a quantidade de água necessária para obter uma massa de consistência óptima.

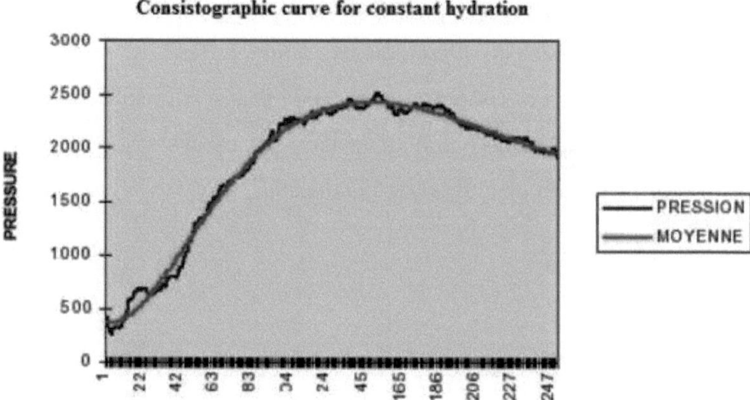

Fig. 2.13. Exemplo de curva consistográfica para hidratação constante

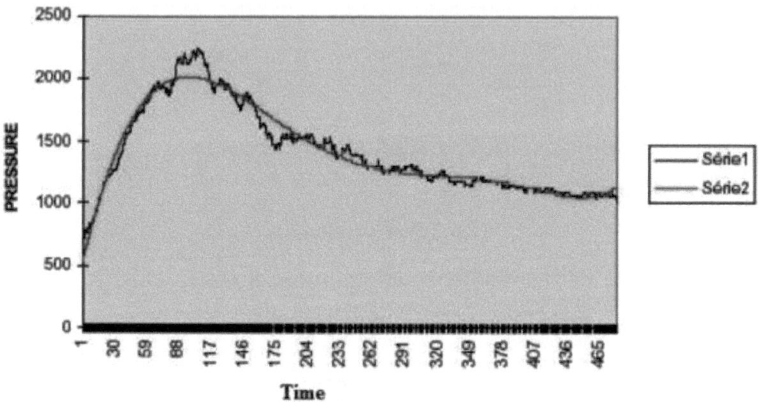

Fig.2.14. Exemplo de curva consistográfica para hidratação adaptada

II.7. Determinação das propriedades reológicas de amassadura e de viscosidade da massa com a ajuda do mixolab

O Mixolab efectua uma análise complexa da farinha. Permite a análise da qualidade das proteínas da farinha (hidratação, estabilidade, elasticidade, amolecimento), a análise do comportamento do amido (gelatinização e temperatura de gelatinização, a mudança de consistência quando são adicionados aditivos), a análise da atividade enzimática, etc. O mixolab mede o comportamento reológico da massa com a possibilidade de alterar a velocidade dos braços de amassadura, a temperatura da massa, os gradientes de temperatura.

II.7.1. Princípio do método

Determinar a capacidade de hidratação da farinha, o comportamento da massa durante a amassadura, o comportamento durante o aquecimento, quando ocorre a intensificação da atividade enzimática, a coagulação das proteínas e a gelatinização do amido.

Estas alterações são determinadas com base na medição, com um sensor de momento, do momento oposto da massa durante a amassadura e, com um sensor de temperatura, da temperatura da massa. A informação obtida é enviada para um computador para processamento e realização de cálculos.

II.7.2. Dispositivos

O mixolab Chopin é composto pelas seguintes partes principais:

- Batedeira, constituída por uma cuba com tampa de fecho e 2 braços amassadores, equipada com um sensor de momento, sistema de aquecimento e arrefecimento, um sensor de temperatura situado na interface massa-misturador e um segundo sensor de temperatura para aquecimento da cuba ;

- Sistema de injeção de água constituído por uma bomba de injeção, válvula solenoide, bomba doseadora de água, reservatório de água com escala de nível e bocal;

- Computador ligado ao mixolab.

11.7.3.   Procedimento

1. a escolha dos parâmetros de trabalho. Mixolab permite variar os parâmetros:

- rotação dos braços de amassar;

- a temperatura da água utilizada para preparar a massa;

- o gradiente de temperatura;

- o regime de temperatura;

- consistência constante ou hidratação constante.

Depois de introduzir o teor de humidade da farinha utilizada, o mixolab calcula automaticamente a quantidade de farinha a ser pesada e a quantidade de água a ser injectada. O teste só é iniciado quando são atingidas as temperaturas definidas. O teste pode ser efectuado com ou sem calibração.

2. pesagem da farinha. A quantidade de farinha indicada pelo software do aparelho é pesada com uma precisão de 0,1 g.

3. A introdução da farinha na cuba é efectuada, enquanto os braços de trituração estão em movimento, quando o dispositivo o indica.

4. posicionar o bocal na banheira.

O teste começa quando todos os parâmetros atingem os valores definidos.

Os componentes do mixolab são: sensor de momento; botão de arranque; motor do misturador; válvula solenoide de arrefecimento; sensor de temperatura da massa; misturador; a temperatura programada da taça do misturador; a temperatura real da taça do misturador; tanque de água; temperatura programada da água; temperatura real da água; sistema de injeção de água; válvula solenoide para injeção de água; botão de arranque; bomba doseadora de água e a quantidade de água em ml.

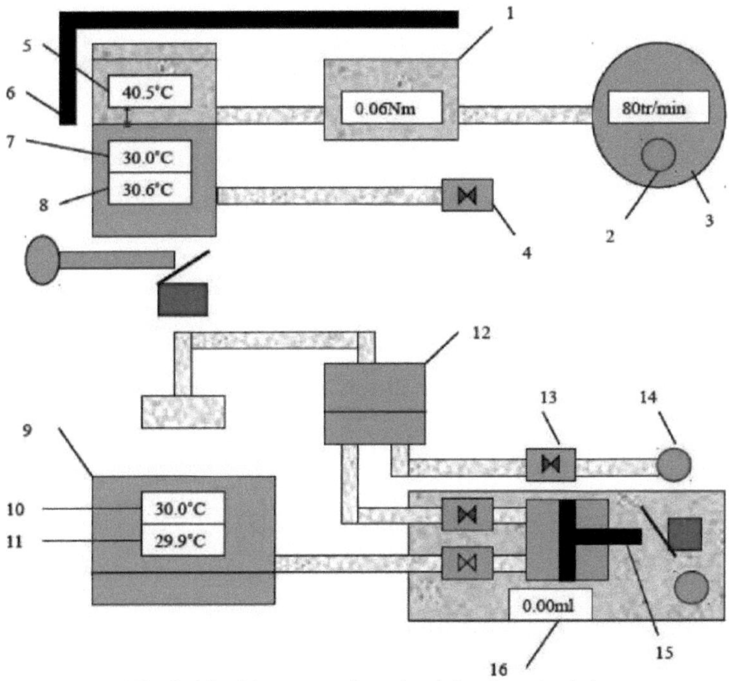

Fig.2.15. Diagrama de princípio do mixolab

1- sensor de momento; 2- botão de arranque; 3- motor da amassadeira; 4-
válvula com solenoide de arrefecimento; 5- sensor de temperatura da massa; 6-
amassadeira; 7- temperatura programada da cuba da amassadeira; 8- temperatura
real da cuba da amassadeira; 9- reservatório de água; 10- temperatura
programada da água; 11- temperatura real da água; 12- sistema de injeção de
água; 13- válvula solenoide de injeção de água; 14- botão de arranque; 15-
bomba doseadora de água; 16- quantidade de água em ml.

11.7.4.   Expressão dos resultados

A curva mixolab representa a variação do momento oposto da massa durante a
amassadura (consistência da massa) e a diferentes temperaturas, consoante o
tempo. Ao lado da curva de consistência, regista-se a curva de variação da
temperatura da amassadeira e da massa. O momento oposto da massa (Nm) e a
temperatura (C) são representados na ordenada e o tempo na abcissa (min).

A curva tem 5 zonas:

53

a. O desenvolvimento da massa (C1) representa a variação do momento oposto da massa a uma temperatura constante. Determinam-se o tempo de formação, a estabilidade e o amolecimento da massa e a capacidade de hidratação da farinha. É determinado de forma análoga à sua determinação na curva farinográfica.

b. O amolecimento das proteínas (C2) corresponde à primeira fase de aquecimento da massa; representa o grau de diminuição da consistência da massa, sendo um indicador da qualidade das proteínas.

c. A gelatinização do amido (C3) corresponde à segunda fase de aquecimento quando a temperatura ultrapassa os 55 graus. Quanto maior for a capacidade de gelatinização do amido, maior será a consistência máxima da massa nesta fase.

d. Atividade enzimática (C4). Fase que ocorre a alta temperatura. A consistência da massa diminui proporcionalmente à atividade da a-amilase na farinha.

e. A retrogradação do amido (C5) tem lugar nas condições de arrefecimento da massa. É utilizada para medir o efeito dos aditivos que retardam a retrogradação do amido (envelhecimento do pão).

Os parâmetros da curva são os seguintes:

* C1 marca a consistência máxima da massa, utilizada para determinar a absorção de água.

* C2 mede o amolecimento da massa devido às proteínas, em função do trabalho mecânico e da temperatura.

* C3 mede a gelatinização do amido.

* C4 mede a estabilidade do gel de amido formado.

* C5 mede a retrogradação do amido durante a fase de arrefecimento.

* O declive Y exprime a velocidade da hidrólise enzimática.

* O declive B exprime a velocidade de gelatinização.

Todos os parâmetros são expressos em Newton x metro.

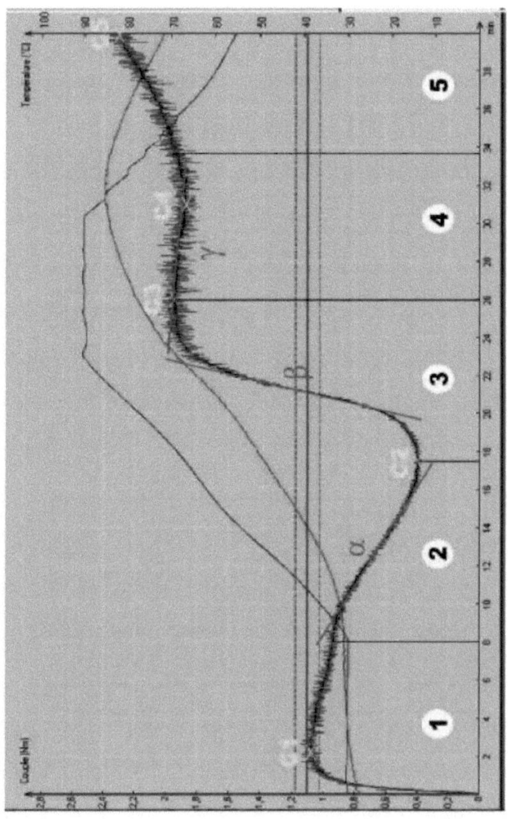

Fig.2.16. A curva resultante do ensaio com o dispositivo mixolab

II.7.5. Conclusões

O método de determinação das propriedades reológicas da massa com a ajuda do mixolab é moderno e complexo. Oferece a possibilidade de alterar alguns parâmetros, tais como: a velocidade dos braços de amassar, a temperatura da massa, a temperatura da água de amassar, a quantidade de água injectada na massa, etc. Os resultados obtidos são enviados para um computador que os processa e efectua os cálculos necessários. A informação é utilizada pelo operador para obter uma massa com propriedades óptimas.

III. Reologia e investigação da qualidade dos alimentos à base de cereais

III.1. Introdução

A inovação desempenha um papel fundamental no desenvolvimento atual das empresas do sector alimentar. Todos os anos são lançadas tendências alimentares que permitem alinhar as partes interessadas em torno de eixos comuns sobre as preferências dos consumidores. As mais recentes tendências da indústria alimentar [1] centram-se nos alimentos de origem vegetal, destacando-se o compromisso com a sustentabilidade. Destaca-se também o aumento da tendência de dieta personalizada ("bom para mim"), que inclui produtos sem glúten ou alimentos com impacto direto na saúde e bem-estar (ricos em compostos bioactivos).

É bem sabido que produtos com a mesma composição química podem apresentar estruturas muito diferentes que são construídas por técnicas de processamento, resultando em propriedades sensoriais e de textura diferentemente percepcionadas. A reologia tem sido a disciplina de referência para as indústrias de cereais alimentares desde o início do controlo de qualidade. As macromoléculas alimentares (proteínas e polissacáridos) são os principais intervenientes na criação de estruturas alimentares relevantes, tais como massas e snacks estaladiços. O desenvolvimento de produtos sem glúten utilizando proteínas e polissacáridos alternativos, misturas nutritivas de cereais e leguminosas para substituir a proteína da carne, bem como a utilização de subprodutos da indústria alimentar, como as sementes de tomate, como fonte destes biopolímeros estruturantes (pectinas), são alguns outros desafios na criação de produtos alimentares inovadores. A sustentabilidade na produção dos ingredientes alimentares e a viabilidade económica da sua produção e subsequente transformação em produtos alimentares de comércio justo e bem aceites, são essenciais para o progresso da indústria cerealífera, com um impacto relevante no bem-estar humano e

progresso. A utilização de fontes alimentares pouco exploradas, como as microalgas, em produtos à base de cereais é também uma oportunidade a explorar. Esta abordagem inclui a conceção de produtos alimentares de valor acrescentado e benefícios nutricionais relevantes. A utilização de farinhas antigas que caíram em desuso, como a farinha de bolota ou variedades antigas de trigo com proteínas com baixo teor de glúten, poderia ser uma estratégia sustentável para melhorar os produtos à base de cereais com uma importante fonte de bioactividades e fibras.

Finalmente, a atitude do consumidor em relação aos novos produtos alimentares é uma questão relevante para o sucesso das inovações e deve ser considerada para os produtos alimentares que estão próximos do mercado. Neste sentido, a avaliação sensorial de produtos inovadores, na fase preliminar do processo de desenvolvimento, é uma ferramenta importante para prever a sua aceitação final no mercado.

III.2. Contribuições

Os alimentos sem glúten destacam-se em termos de tendências alimentares no domínio da tecnologia dos cereais. Este tipo de produtos está na agenda das mais importantes empresas alimentares e de muitos grupos de investigação. Este facto resulta do aumento constante do mercado de produtos sem glúten devido ao número crescente de indivíduos diagnosticados com algum tipo de sensibilidade ao glúten. Cerca de 38% dos consumidores estão a evitar ou a limitar os alimentos sem glúten [2].

Geralmente, os alimentos sem glúten são nutricionalmente desequilibrados em termos de lípidos, fibras, minerais e vitaminas. Isso pode ser crítico para os pacientes celíacos, que têm copatologias e, portanto, precisam de uma dieta nutricionalmente equilibrada [3].

Uma vez que os produtos de panificação são tradicionalmente produzidos com farinhas de glúten, foram objeto de uma extensa reformulação a fim de otimizar a sua produção a partir de farinhas sem glúten. Neste contexto, o pão assume um destaque considerável. Vários trabalhos sobre esta temática têm sido publicados nos últimos anos [4-6], os quais estão relacionados com a incorporação de ingredientes e subprodutos da indústria alimentar pouco explorados, com o objetivo de melhorar as propriedades reológicas e texturais, o desempenho nutricional e a apreciação sensorial. Neste número especial, são apresentados estudos relevantes relacionados com produtos sem glúten.

Nunes et al. (2020) [7] avaliaram o impacto da incorporação da microalga Tetraselmis chuii na estrutura, cor e bioatividade de uma formulação de pão sem glúten (GF) à base de arroz, farinha de trigo sarraceno e fécula de batata para aumentar a nutrição, utilizando hidroxipropilmetilcelulose (HPMC) como agente estruturante. Para avaliar a estrutura da massa, foi realizado o perfil de colagem da massa por Microdough-Lab e medidas oscilatórias de cisalhamento. Foram avaliadas as propriedades físicas dos pães, o teor de fenólicos totais (Folin-Ciocalteu) e a capacidade antioxidante (métodos DPPH e FRAP) dos extractos de pão. Foram encontrados resultados promissores relacionados com a utilização de T. chuii como ingrediente sustentável na formulação de pão GF, com um impacto positivo na estrutura e capacidade antioxidante e um aspeto verde inovador. Esta microalga apresentou comportamentos diferentes, consoante o nível de incorporação: abaixo de 2%, as proteínas de T. chuii desestabilizam a estrutura desenvolvida pelo amido e HPMC, obtendo-se um menor volume de pão, associado a um miolo mais compacto e propriedades mais duras. No entanto, para níveis mais elevados de incorporação (4%), as proteínas microalgais com amido e HPMC constroem outro tipo de estrutura, que se caracteriza por valores mais elevados das funções viscoelásticas (G' e G") produzindo um maior volume de pão e um efeito de amolecimento. Ficou demonstrado que a estrutura do pão de T. chuii a 4% é competitiva com o pão de controlo (sem adição de biomassa), em termos de estrutura e com um aumento do desempenho nutricional, apesar de ter revelado uma fraca aceitação por um painel sensorial não direcionado.

Martins et al. (2020) [8] estudaram a possibilidade de utilizar a farinha de bolota, uma matéria-prima pouco explorada em GF, numa formulação semelhante à desenvolvida por Nunes et al. (2020)[7]. Esta farinha foi testada com o objetivo de melhorar a reologia da massa, seguindo também as tendências do mercado de sustentabilidade e ingredientes ricos em fibra. A farinha de bolota afectou significativamente as propriedades reológicas das massas. Foi evidenciado um impacto nas curvas de mistura e colagem da massa, uma melhoria dos parâmetros de textura (firmeza e coesividade) e a viscoelasticidade da massa fermentada. Desta forma, evidenciou-se o papel da caraterização da massa por ferramentas reológicas, como sendo determinante para a otimização de novos produtos alimentares. De acordo com as medições de cisalhamento oscilatório de pequena amplitude, todas as massas GF estudadas exibem um comportamento tipo gel-elástico fraco com valores de G' superiores a G" e dependentes da frequência. A incorporação de farinha de bolota causou a acidificação e aumentou a escuridão da massa, o que pode ter um impacto positivo em termos de apreciação sensorial do pão. Por conseguinte, foi afirmado que a farinha de bolota pode ser um ingrediente muito promissor para melhorar as propriedades reológicas da massa de GF e a qualidade nutricional do pão de GF, em particular o teor de fibra alimentar, que é um nutriente muito importante em dietas com necessidades especiais.

Em consonância com os trabalhos já apresentados sobre o enriquecimento nutricional do pão GF, Graga et al. (2020) [9] estudaram a possibilidade de enriquecer um tipo semelhante de pão com iogurte. Seguindo esta estratégia, as baixas propriedades funcionais e nutricionais do pão GF podem ser minimizadas, utilizando proteínas lácteas. O iogurte fresco representa um ingrediente interessante, pois além de ser uma importante fonte de proteína, também fornece polissacarídeos e minerais que têm o potencial de imitar a rede de glúten, melhorando o valor nutricional dos produtos sem glúten. Foram avaliadas formulações de pão sem glúten, com diferentes níveis de adição de iogurte (5% até 20%, peso/peso), utilizando medidas de reologia da massa e parâmetros de qualidade de cozedura. Foi demonstrado que a funcionalidade dos pães sem glúten, em termos de desempenho na panificação, parâmetros de qualidade e perfil nutricional, pode ser melhorada com sucesso pela adição de iogurte fresco, resultando numa melhoria significativa da qualidade global dos pães de iogurte GF. Foram encontradas correlações lineares entre a firmeza do pão, o volume específico com o comportamento do fluxo e as funções viscoelásticas, apoiando os resultados obtidos.

Estas correlações podem assumir uma importância considerável em termos da indústria de panificação e para futuros estudos nesta área. O iogurte demonstrou ser um potencial ingrediente para melhorar a qualidade de pães sem glúten, resultando em pães mais macios, com maior volume e menor taxa de estufamento, em comparação com o pão de controlo.

Em relação à composição nutricional, a adição de iogurte revelou-se um ingrediente atrativo para melhorar o valor nutricional dos pães GF: verificou-se um aumento do teor de proteínas e minerais e uma redução dos hidratos de carbono, com uma boa possibilidade de melhorar a dieta diária das pessoas celíacas.

Hong e Kweon (2020) [10] apresentaram outro estudo sobre pão de arroz sem glúten, incorporando goma de tamarindo. Neste trabalho, destaca-se a importância da otimização da formulação e das condições de processamento quando se combinam novos ingredientes para a conceção do produto. Foi utilizado um desenho experimental fatorial que se revelou útil para o processo de otimização, minimizando o número de experiências e realçando o peso de cada variável independente na explicação do processo. A concentração de goma (GC), a quantidade de água (WA), o tempo de mistura (MT) e o tempo de fermentação (FT) foram seleccionados como factores, tendo sido utilizados dois níveis para cada fator. O WA e o FT foram identificados como os factores mais significativos para determinar a qualidade do pão de arroz GF com goma de tamarindo. Por conseguinte, um controlo adequado do teor de água e do tempo de fermentação pode maximizar o volume do pão e minimizar a sua firmeza. A adição de uma enzima anti-cozimento também foi estudada e provou ser eficaz para retardar a entalpia de retrogradação e a diminuição da firmeza do pão. A utilização de uma fórmula optimizada e de factores de processamento para o pão de arroz sem glúten com a adição combinada de goma de tamarindo e de uma enzima anti-cozimento (amilase maltogénica) pode ser aplicada com sucesso no pão de arroz sem glúten fabricado comercialmente.

Para além do pão sem glúten, surgiram no mercado várias formulações de produtos de panificação, à base de farinhas GF. Chompoorat et al. (2020) [11] estudaram o impacto da adição de farinha de arroz em cupcakes de feijão vermelho (RKB). A incorporação de farinha de arroz promoveu um aumento no grau de estruturação da massa do cupcake e uma melhoria nas propriedades de textura dos cupcakes de RKB. É importante salientar que também para este tipo de matriz, a utilização de técnicas reológicas fundamentais como o comportamento viscoelástico linear da massa e testes empíricos como a caraterização da textura foram cruciais para a otimização do produto final. A adição de farinha de arroz na farinha RKB sem glúten aumentou o comportamento sólido e viscoso da massa, a consistência da massa, a inflexão da gelatinização e a temperatura, e produziu uma textura mais macia do cupcake. A energia de ativação da gelatinização também aumentou com incorporação de arroz, bem como as características macroestruturais dos cupcakes. Foi destacado o potencial do RKB como ingrediente funcional e a sua melhoria na aplicação em cupcakes com a adição de farinha de arroz.

Arribas et al. (2019) [12] estudaram outro produto GF relevante: um snack de arroz extrudido. Este tipo de produto, para além de fazer parte da tendência atual do consumo de alimentos de cereais FG, assume uma posição importante na tendência dos snacks [13]. O snacking tem crescido intensamente nos últimos anos e está associado ao crescimento de novas formas de consumo associadas a estilos de vida mais dinâmicos. Os autores avaliaram o impacto da adição de duas leguminosas, as farinhas de feijão e de alfarroba, nas propriedades físicas e na bioatividade dos snacks de GF pufed. A fortificação com farinha de alfarroba melhorou os seus atributos de textura e não afectou significativamente a sua qualidade geral. A extrusão teve implicações positivas em termos de nutrição e disponibilidade de compostos bioactivos, bem como uma boa aceitação em termos sensoriais. Todos os extrudados experimentais tinham quantidades mais elevadas de compostos bioactivos do que o arroz extrudido comercial. Este processo afectou os fitoquímicos de forma diferente. Enquanto os a-galactosídeos e fenóis totais aumentaram, o ácido fítico foi reduzido e as lectinas e inibidores de proteases foram eliminados. O teor de compostos bioactivos presentes nestes

Os extrudados podem ser suficientes para promover funções associadas à saúde. Para além disso, a ausência de lectinas e inibidores de proteases melhorou a qualidade nutricional dos extrudados. Os aperitivos desenvolvidos seriam de interesse tanto para os consumidores preocupados com a saúde como para a indústria alimentar.

O desenvolvimento de produtos de panificação sem glúten é um grande desafio, que pode ser superado através de várias estratégias que já foram apresentadas nos trabalhos mencionados acima. O uso de hidrocolóides que são capazes de criar uma estrutura que imita a matriz do glúten é frequentemente seguido. Nuvoli et al. (2020) [14] estudaram o efeito do tratamento de moagem de bolas em diferentes tipos de hidrocolóides num sistema de amido de milho-farinha de arroz. A goma de guar (GG), a goma de tara (TG) e a metilcelulose (MC) foram os hidrocolóides estudados e foram previamente analisados para avaliar as suas potenciais interacções com os componentes do amido, quando são utilizados isoladamente ou em misturas num sistema de amido de milho-farinha de arroz. Com base em experiências de difração de raios X (DRX) e na caraterização da reologia de gelificação, foi possível afirmar que o tratamento de moagem com bolas afectou a estrutura dos hidrocolóides testados e, por sua vez, a viscosidade das suas soluções aquosas de diferentes formas. De facto, a moagem com bolas provocou uma redução do domínio da cristalina e, por sua vez, uma diminuição da viscosidade das soluções aquosas de GG. Apesar de um aumento das suas propriedades de fluxo (viscosidade), os efeitos sobre a TG foram mínimos, enquanto a MC moída apresentou uma cristalinidade reduzida mas uma viscosidade semelhante. Quando os hidrocolóides moídos e não moídos foram adicionados individualmente ao sistema amido-farinha, as propriedades de pastelaria das misturas resultantes pareciam ser afectadas pelo tipo de hidrocolóide adicionado, mais do que pelas alterações estruturais induzidas pelo tratamento.

Todos os hidrocolóides aumentaram o pico de viscosidade das misturas binárias (especialmente o GG puro). No entanto, apenas o MC moído e não moído apresentou valores de retrocesso e viscosidade final semelhantes aos do amido individual. A moagem com bolas pareceu ser mais eficaz quando foram utilizados simultaneamente dois hidrocolóides combinados (GG e MC moídos). Não foram observadas diferenças significativas nas propriedades viscoelásticas das misturas, com exceção dos géis GG/amido não moído, TG/amido moído e MC/ TG/amido moído. O trabalho apresentado foi considerado pelos autores como um estudo inicial, reconhecendo-se a necessidade de aprofundar o tema. Desta forma, em estudos futuros, será esclarecida a relevância da utilização do tratamento de moagem de bolas, no desenvolvimento de produtos de panificação sem glúten, utilizando sistemas hidrocolóides-amido.

O enriquecimento de produtos de panificação, com e sem glúten, através da incorporação de subprodutos da indústria alimentar, tem assumido especial relevância, nos últimos anos, tendo em conta os princípios da economia circular. Mironeasa e Codina (2019) [15] estudaram o aproveitamento de um subproduto muito relevante da indústria alimentar: a farinha de sementes de tomate (TSF) produzida. Este trabalho também destacou a importância da caraterização reológica e microestrutural da massa no processo de desenvolvimento de produtos de panificação. Foram utilizados métodos reológicos através do aparelho Mixolab, reologia dinâmica e microscopia ótica de epifluorescência (EFLM) para caraterizar as massas obtidas a partir de diferentes formulações. A partir dos resultados do Mixolab, verificou-se que a substituição da farinha de trigo por TSF aumentou o tempo de desenvolvimento da massa, a estabilidade e a viscosidade durante o ciclo inicial de aquecimento-arrefecimento e diminuiu a atividade da alfa amilase. Os dados reológicos dinâmicos mostraram que os módulos viscoelásticos (G' e G") aumentaram com o nível de adição de TSF. Os testes de recuperação da fluência das amostras indicaram que a recuperação elástica da massa era de uma percentagem elevada após a remoção da tensão para todas as amostras em que o TSF foi incorporado na farinha de trigo. Utilizando EFLM, todas as amostras pareciam homogéneas, mostrando uma estrutura de matriz de massa compacta. Os parâmetros medidos com o Mixolab durante a mistura estavam de acordo com os dados reológicos dinâmicos e de acordo com as imagens da estrutura EFLM. Os autores mostram uma correlação entre as propriedades de mistura e o comportamento viscoelástico para o sistema estudado (com glúten), como também foi verificado por Graça et al. (2020) [6], do pão GF.

Os resultados apresentados nos diferentes trabalhos desta edição especial são úteis para os produtores de panificação desenvolverem novos produtos com o mais alto valor nutricional, respeitando a principal tendência chave da sustentabilidade e alinhando-se com a principal tendência alimentar para responder às necessidades actuais do consumidor.

Referências

1. EUFIC. Food Choice-Why DoWe Eat WhatWe Eat (Escolha dos Alimentos - Porque comemos o que comemos). Disponível em linha: https://www.eufic.org/en/food-safety/healthy-living/category/food-choice (acedido em 20 de outubro de 2020).

2. Hendry, N. Oportunidades de inovação no panorama alimentar global; Relatório de dados globais; Portugal Foods: Lisboa, Portugal, 2019.

3. Missbach, B.; Schwingshackl, L.; Billmann, A.; Mystek, A.; Hickelsberger, M.; Bauer, G.; Konig, J. Base de dados de alimentos sem glúten: A qualidade nutricional e o custo dos alimentos sem glúten embalados. PeerJ **2015**, 3, e1337.

4. Wang, K.; Lu, F.; Li, Z.; Zhad, L.; Han, C. Desenvolvimentos recentes em abordagens de cozedura de pão sem glúten: Uma revisão. Ciência e Tecnologia de Alimentos. Campinas. **2017**, 37, 19.

5. Beltraao-Martins, R.; Gouvinhas, I.; Nunes, M.C.; Peres, J.; Raymundo, A.; Barros, A. Farinha de Bolota como Fonte de Compostos Bioactivos em Pão sem Glúten. Molecules **2020**, 25, 3568.

6. Graga, C.; Fradinho, P.; Sousa, I.; Raymundo, A. Impacto da Chlorella vulgaris na reologia da massa de farinha de trigo e na textura do pão. LWT-Food Sci. Technol. **2018**, 89, 466-474.

7. Nunes, M.C.; Fernandes, I.; Vasco, I.; Sousa, I.; Raymundo, A. Tetraselmis chuii como ingrediente sustentável e saudável para a produção de pão sem glúten: Impacto na Estrutura, Cor e Bioatividade. Foods. **2020**, 9, 579.

8. Beltrao-Martins, R.; Nunes, M.C.; Ferreira, L.M.; Peres, J.R.N.A.; Barros, A.I.; Raymundo, A. Impacto da farinha de bolota nas propriedades reológicas de massas sem glúten. Foods **2020**, 9, 560.

9. Graga, C.; Raymundo, A.; Sousa, I. O iogurte como ingrediente alternativo para melhorar as propriedades funcionais e nutricionais de pães sem glúten. Foods **2020**, 9, 111.

10. Hong, Y.-E.; Kweon, M. Otimização da fórmula e dos factores de processamento do pão de arroz sem glúten com goma de tamarindo. Foods

2020, 9, 145.

11. Chompoorat, P.; Kantanet, N.; Hernandez Estrada, Z.J.; Rayas-Duarte, P. Propriedades físicas e dinâmicas de cisalhamento oscilatório da massa de feijão vermelho sem glúten e cupcakes afetados pela adição de farinha de arroz. Foods **2020**, 9, 616.

12. Arribas, C.; Cabellos, B.; Cuadrado, C.; Guillamon, E.; Pedrosa, M. Compostos bioactivos, atividade antioxidante e análise sensorial de produtos à base de arroz
Snacks Extrudidos Fortificados com Farinhas de Feijão e Alfarroba. Foods **2019**, 8, 381.

13. Mordor Intelligence. Mercado de Alimentos Livres - Crescimento, Tendências e Previsão (2020-2025). Disponível online:https://www.mordorintelligence.com/industry- reports/free-from-food-market (acedido em 20 de outubro de 2020).

14. Nuvoli, L.; Conte, P.; Garroni, S.; Farina, V.; Piga, A.; Fadda, C. Estudo dos efeitos induzidos pelo tratamento de moagem de bolas em diferentes tipos de hidrocolóides em um sistema de amido de milho-farinha de arroz. Foods **2020**, 9, 517.

15. Mironeasa, S.; Codina, G.G. Comportamento Reológico da Massa e Caracterização da Microestrutura de Massa Composta com Farinhas de Trigo e Semente de Tomate. Foods **2019**, 8, 626.

yes
I want morebooks!

Buy your books fast and straightforward online - at one of world's fastest growing online book stores! Environmentally sound due to Print-on-Demand technologies.

Buy your books online at
www.morebooks.shop

Compre os seus livros mais rápido e diretamente na internet, em uma das livrarias on-line com o maior crescimento no mundo! Produção que protege o meio ambiente através das tecnologias de impressão sob demanda.

Compre os seus livros on-line em
www.morebooks.shop

Printed by Books on Demand GmbH, Norderstedt / Germany